江西理工大学清江学术文库

语音增强及心音降噪算法研究

许春冬 王吉源 凌贤鹏 著

電子工業出版社
Publishing House of Electronics Industry
北京 • BEIJING

内 容 简 介

本书是根据作者在音频降噪领域的研究成果而著，全书共分为10章，主要内容包括绪论、基于高斯混合模型的非监督在线建模噪声功率谱估计、结合优化U-Net和残差网络的单通道语音增强算法、基于差分麦克风阵列的变步长LMS语音增强算法、语音频带扩展研究综述、基于时间卷积神经网络的语音频带扩展、基于编解码器网络的语音频带扩展、基于时频感知神经网络的语音频带扩展、IMCRA-OMLSA噪声动态估计下的心音降噪、结合SVM和香农能量的HSMM心音分割方法。

本书可以作为高等院校电子信息类、计算机类专业的研究生教材，也可以作为智能语音处理、人工智能等研究方向的参考书，还可以供该领域相关研究人员和技术人员参考。

图书在版编目（CIP）数据

语音增强及心音降噪算法研究 / 许春冬，王吉源，凌贤鹏著. —北京：电子工业出版社，2021.12
ISBN 978-7-121-27654-5

Ⅰ. ①语… Ⅱ. ①许… ②王… ③凌… Ⅲ. ①音频信号处理 Ⅳ. ①TN912.3

中国版本图书馆CIP数据核字（2021）第271095号

责任编辑：竺南直
印　　刷：涿州市般润文化传播有限公司
装　　订：涿州市般润文化传播有限公司
出版发行：电子工业出版社
　　　　　北京市海淀区万寿路173信箱　邮编 100036
开　　本：720×1 000　1/16　印张：10.5　字数：218千字
版　　次：2021年12月第1版
印　　次：2023年1月第2次印刷
定　　价：49.00元

凡所购买电子工业出版社图书有缺损问题，请向购买书店调换。若书店售缺，请与本社发行部联系，联系及邮购电话：（010）88254888，88258888。

质量投诉请发邮件至zlts@phei.com.cn，盗版侵权举报请发邮件至dbqq@phei.com.cn。

本书咨询联系方式：davidzhu@phei.com.cn。

前　言

随着深层神经网络的研究进展和大规模使用，人工智能领域得到了空前的发展，智能语音是人工智能重要的应用场景，“人工智能+语音”将成为未来大发展趋势。

江西理工大学人工智能实验室长期从事智能语音处理及应用方面的研究工作。先后在本科生和研究生中开设了“语音信号处理”和“智能语音处理”两门课程。本书既是我们对于研究工作的归纳与提炼，又融入了多年教学工作的经验积累。期望能够对普及语音信息处理理论，丰富智能语音处理方法做出一点贡献，并对高校的智能语音研究和教学有所裨益。

本书共分为10章，第1章主要介绍音频增强的研究意义以及国内外研究进展。第2章阐述传统的频域语音增强算法，主要研究了基于GMM的噪声功率谱估计与语音增强算法。第3章给出噪声抑制与语音增强前沿算法，主要包括基于深层学习的语音增强算法，提出了一种结合优化U-Net和残差网络的单通道语音增强算法。第4章介绍双通道语音增强研究意义，给出了一种基于差分麦克风阵列的变步长LMS语音增强算法，该算法既使用了阵列的空域特性来抑制方向性干扰噪声，又结合了传统语音增强技术提升算法效果，且具有算法复杂度低的特点，能够用于便携式语音处理系统。第5章介绍语音频带扩展技术，通过频谱扩展实现语音增强效果，概述了几种传统的和最近出现的语音频带扩展算法。第6章提出了一种基于时间卷积神经网络的语音频带扩展算法，该算法相对基线系统参数量更小，并提出了一种时频损失函数，提升了语音频带扩展系统性能。第7章提出了一种基于编解码网络的语音频带扩展算法，设计的深度模型结合了时频感知特性，生成的重构宽带语音具有更高的语音质量。第8章提出了一种基于时频感知神经网络的语音频带扩展算法，相对于前面章节提出的算法，本算法从时域、频域和感知域三个维度同时恢复宽带语音信息，取得了更好的性能。第9章提出了一种基于IMCRA-OMLSA噪声动态估计下的心音降噪算法，能有效抑制采集环境下的噪声，尤其是靠近基础心音的噪声，且能有效提升分类系统的准确性，提升了心音信号的可分析性。第10章提出了结合SVM和香农能量的HSMM心音分割算法，包括心音降噪处理、提取香农能量特征，并进一步进行心音分割处理。需要指出的是，本书不同章节中类似实验可能存在一定的实验结果偏差；一是由于每一章的实验模型都重新训练，实验存在正常误差；二是由于更新了度量方法中的相关参数，影响了实验结果。但这并不影响同一章节中实验的客观值对比和相关结论。

本书在编写过程中，参考了国内外近年来出版的多本专著，在体系结构、章节安排、案例设置等方面借鉴了他们的优点，篇章结构体现了经典理论、学科前沿以及场景应用相结合的原则，同时融入了作者多年来在“语音信号处理”和“智能语音处理”等课程教学和科研的经验，凝练了本书的以下主要特点。

（1）学术性较强：力求反映当前智能语音处理领域解决音频降噪和语音增强问题的最新研究进展，书中的理论是当前音频领域研究的热点之一，内容丰富，阐述全面，能够为相关研究人员开辟新的研究方向提供启示。

（2）内容新颖：给出了课题组最新的研究成果，如基于端到端深度学习的语音降噪、结合注意力机制的语音频带扩展、基于神经网络的心音分类等。

（3）强化应用：书中内容面向应用，涉及语音降噪、心音增强、语音频带扩展等众多分支领域，力求为解决工程实际问题提供有益参考。

（4）案例分析透彻。本书给出了一些深层神经网络在语音处理系统前端的应用案例，并对案例进行理论分析、过程推导、实验测试、结果分析以及应用展望，有助于读者深入理解智能语音理论基础和相关算法，为实际应用提供借鉴。

本书不但汇集了课题组多年的研究成果，还在绪论、基础知识等方面汇集了学术界和产业界对音频信息处理的最新研究成果。

本书主要面向研究生和高年级的本科生，特别适合于人工智能本科专业和智能语音研究方向的研究生阅读，也可供不同层面从事语音研究工作的相关技术人员参考。

本书由许春冬执笔、统稿，王吉源、凌贤鹏参与了部分章节内容编写。感谢中国科学院大学讲座教授应冬文老师的指导，感谢北京理工大学王晶老师在专著编写过程中所提的建议。本书在编写过程中，得到了江西理工大学许多老师和研究生的帮助，特别是研究生许瑞龙、周静、龙清华、徐琅、周滨、林海、闵源、辛鹏丽、李庆林、李海兵、徐锦武、朱诚、王茹霞等同学做出了积极贡献，在此表示衷心的感谢。

本书涉及的研究内容得到了江西理工大学专著出版基金、国家自然科学基金项目以及江西省科技项目的部分资助，在此表示感谢。

本书是作者在语音增强与心音降噪领域的一种努力和尝试，由于水平有限，书中难免存在不足之处，恳请读者批评指正。

许春冬、王吉源、凌贤鹏

2021年10月30日

目　录

第1章　绪论

1.1　引言

语音是带有特定信息的模拟信号，能够传递信息与沟通感情，是一种有效的、直接的沟通方法。但在实际环境中，语音信号在产生和通信过程中往往包含环境的噪声、传输媒介的噪声及设备噪声等。这些噪声在语音传播过程中会对信号产生较大影响，造成语音质量和可懂度降低，因此研究通信系统中的语音增强具有重要的意义。

语音增强是在环境噪声中提取有用的语音信号，通过一定的方法来降低噪声的干扰，以提升增强后的语音质量和可懂度。实际中可根据不同的噪声环境，使用不同的语音增强方法，以得到最好的增强效果。

语音增强技术作为信息学科领域的核心技术之一，主要用于增强被噪声污染的语音的清晰度和可懂度。近年来，计算机技术的快速发展和趋向成熟，使语音增强的实时处理成为可能，因此可广泛应用于无线电话会议、手机、娱乐游戏、多媒体应用、智能家电、场景录音等领域。实际应用中，一般在语音处理系统进行语音增强预处理，用来提升系统抗干扰能力。例如，在公共场合的电话通信中，通过在接收端口使用估计噪声干扰模型来滤除噪声，达到增强语音的效果并保证语音质量；电子耳蜗设备利用基音估计和耳蜗滤波仿真模型降低噪声，能提供较高质量的语音信息；医疗设备中使用语音增强器来降低噪声的影响，以达到更好的治疗效果；军事探测中，使用语音增强模型更好地接收语音信息，更准确地破解信息。

语音增强不仅仅是一个简单的对纯净语音的恢复过程，其中涉及的理论算法和技术操作是复杂而广泛的。传统的语音信号处理方法研究语音增强存在一些前提假设条件，研究的泛化性不够。将近几年兴起的深度学习方法用于语音增强，可显著提升语音信号的质量和可懂度。虽然语音增强的研究取得了大量的研究成果，但复杂噪声环境下的单通道语音增强仍然是一个挑战性的问题。

本章主要从单通道语音增强技术发展进程来进行论述，详细介绍语音增强基础知识，以及语音增强算法的发展历程，包括传统单通道语音增强算法和有监督的语音增强算法，最后提出对语音增强技术的展望。

1.2 语音增强基础

1.2.1 模型描述

语音增强可以看成是一个将带噪语音信号恢复成纯净语音信号的过程。其目的是找到稳健的语音特征和基于模型参数适应化的噪声补偿方法，以抑制背景干扰噪声并得到尽可能纯净的语音信号。语音增强系统模型框图如图 1.1 所示。设带噪语音信号、纯净语音信号和噪声信号分别为 $y(t)$、$x(t)$、$n(t)$，则带噪语音 $y(t)$ 表达式

$$y(t)=x(t)+n(t) \tag{1.1}$$

对上式进行傅里叶变换处理，得

$$Y(\omega)=X(\omega)+N(\omega) \tag{1.2}$$

其中，ω为角频率。经过语音增强处理系统得到增强后的语音 $\hat{x}(n)$。

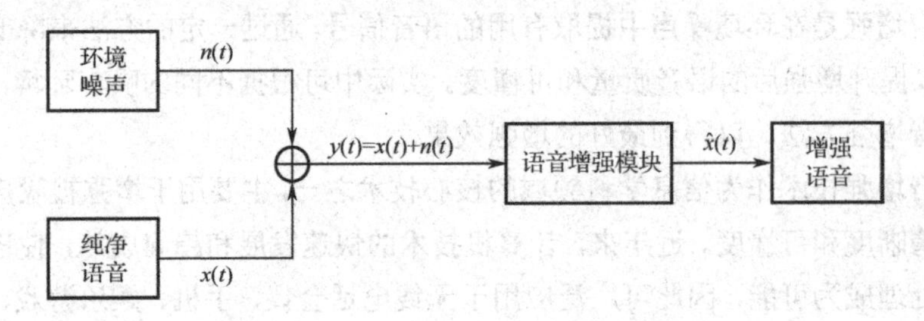

图 1.1　语音增强系统模型框图

1.2.2 噪声类型

噪声是指在实际生活中对人们产生干扰的声音，在不同的应用场景中，不同噪声对语音干扰也不同，噪声可以有多种不同的分类方法。

（1）按干扰方式来分类，可分为加性噪声和乘性噪声。加性噪声是指噪声对语音造成干扰的形式是以时域内相加的方式存在的；乘性噪声是指噪声对语音造成干扰的形式是以频域内相乘的方式存在的；时域以卷积的方式存在，也可称之为卷积噪声。

（2）按照噪声统计随时间变化的特性来分类，可分成周期噪声、脉冲噪声、缓变噪声和平稳噪声。周期噪声一般来源于发动机周期性运转的机械、电气干扰，可采用自适应滤波的方法来识别和区分；脉冲噪声一般来源于爆炸、撞击、放电及突发性干扰，可采用时域相关的方法来消除；缓变噪声是常见的噪声，其噪声相关特

性随时间变化很慢；平稳噪声具有稳定噪声特性，不会随时间变化。

1.2.3 语音质量评价方法

评价增强后的语音信号的质量，包括两方面的内容：清晰度和可懂度。清晰度是比较语音中字、单词和句子的清晰程度，而可懂度则是听者的辨识水平。传统的语音系统选择信噪比（Signal to Noise Ratio，SNR）和分段信噪比（Segmental SNR，SegSNR）参数来权衡语音质量的好坏。信噪比表示语音设备的输出信号电压与同时输出的噪声电压之比。信噪比越高表明系统产生的杂音越少，混在信号中的噪声越小，声音的音质越高，否则相反。由于噪声混在有用信号中难以分开和完全消除，仅利用信噪比来评价语音质量是不全面的。因此，引入语音通信质量评价方法来全面综合地评价语音质量。语音质量评价方法可分为主观评价和客观评价两大类。

1．主观评价

主观评价是通过等级评价标准来划分音质的，选择试听者判断比较纯净语音和增强后的语音。主要包括听觉判断法和频谱视图分析法比较。听觉判断是利用人耳听觉系统直接对原始信号与增强信号进行相似程度评估。频谱视图分析法是直接比较纯净信号与增强信号的语谱图，进而得到其在静音段和帧间的反馈信息。

主观评价方法的感知主体是人，所以此评价准则只体现了人对语音质量的感知，其缺点是易受外界条件的影响，且不利于对通信网络和通信设备进行评价。最广泛的主观评价方法是分级判断方法，使用5分制对测试信号的质量进行评估，最终测试信号的质量是计算所有试听者的评分的均值。该平均意见得分（MOS）的测试方法能够比较准确地反映听觉感知，但太费时费力，并且测试效果与测试环境和试听者的主观感受有关。

2．客观评价

客观评价是通过比较纯净语音和处理后的语音之间的“距离”来量化语音的质量。客观评价的方法主要有信噪比（SNR）、分段信噪比（SSNR）、对数谱失真（Log-Spectral Distortion，LSD）、语音质量感知评估（Perceptual Evaluation of Speech Quality，PESQ）、短时客观可懂度（Short Time Objective Intelligibility，STOI）、基于线性预测编码的谱距离测度（Linear Predictive Coding，LPC）和加权谱斜率（Weighted Spectral Slope，WSS）距离测度。

客观评价系统的设计一般以主观评价为基础，并借鉴了主观评价主体的感知功能和智能特性。对语音增强系统质量的评价是将主观评价和客观评价结合来判断分析。通过指标比较来判断增强算法的性能，进一步比较出各种增强算法的优劣。

1.3 传统单通道语音增强技术发展

在传统单通道语音增强方法中，为解决通信过程中叠加的噪声，可从时域和频域进行分析。其中传统单通道语音增强系统的框图如图 1.2 所示。

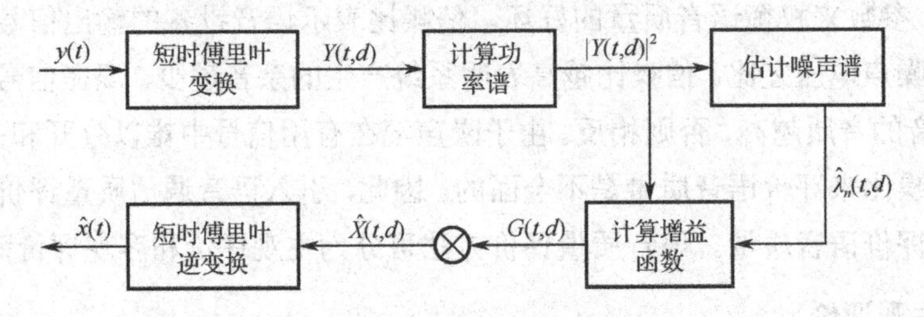

图 1.2 单通道语音增强系统模型框图

其中 $y(t)$ 是时域信号；$Y(t,d)$ 是频域信号，其功率谱为 $|Y(t,d)|^2$；$\hat{\lambda}_n(t,d)$ 为估计噪声的方差；$G(t,d)$ 为估计的增益函数；$\hat{X}(t,d)$ 为纯净语音的频域估计形式；$\hat{x}(t)$ 纯净语音的时域估计形式。

从时域上来看，语音增强方法分为基于参数与模型的方法和子空间法。基于参数与模型的统计方法是利用语音和噪声的统计特性，一般先要建立模型库，通过训练获得初始统计参数。这种方法要求数据集足够大，才能得到比较准确的统计参数值。但在低信噪比的时候，难以对模型的参数进行正确估计。子空间方法首先假设纯净语音信号和噪声信号的子空间是正交的，通过去除噪声子空间的信号分量以增强带噪信号的语音质量，然后估计出高质量的语音信号。但这种基于子空间正交的假设，在短时的情况下是非常不精确的。从信号子空间中估计纯净信号，对带有音乐噪声的语音信号的增强效果并不显著。

从频域上分析，语音增强方法可分为谱减法、维纳滤波法及自适应滤波法等。谱减法是从带噪语音的功率谱中减去噪声功率谱，得到较为纯净的语音频谱。其前提条件是假定加性噪声与短时平稳的语音信号相互独立。维纳滤波法是基于最小均方准则的信号估计算法，只要确定滤波器的冲激响应，带噪语音信号经过该滤波器后便得到最接近于纯净的语音信号。自适应滤波法不需要提取噪声或者纯净语音的先验统计知识，直接利用随机梯度下降的方式进行最优解的逼近，而在大多数情况下，噪声或者纯净语音先验知识无法获得。传统频域语音增强算法在平稳环境及较高信噪比下能够取得较好的效果，但是在非平稳环境及低信噪比下容易产生失真，或残留噪声较多，或存在畸变现象。可通过对低信噪比的增益矩阵进行优化，减小先验信噪比高估，降低畸变对语音的影响，以此提高语音的可懂度。

在时域和频域对带噪语音进行去噪已经有很多相关的研究算法，但仍存在去除噪声不够彻底，应用性不强的问题。在此研究基础上有学者提出了将时域与频域方法结合的算法，如一种将子空间法和维纳滤波相结合的增强方法，对带噪语音进行两级增强，以达到减少残留噪声和提高语音质量的目的。对于非线性和非平稳信号的语音增强问题，可以选择基于经验模态分解（EMD）理论增强方法，将总体平均经验模态分解和小波阈值去噪思想相结合，进一步提升语音增强效果。

传统的语音增强方法一般是基于其幅度谱进行分析与研究。近几年，Singh S等提出对语音信号的相位进行分析，考虑相位信息对于提高语音的感知质量的重要作用，利用改进的相位谱补偿算法对语音频谱进行补偿，计算语音存在概率算法估计噪声功率谱密度，应用在维纳滤波中，提高了语音系统的去除噪声能力。传统模型中，在其增强部分的接收端处采用自适应滤波器，利用其通过统计噪声的统计特性自动调整本身参数，来达到最佳的语音滤波效果。为进一步提高增强语音的听觉效果，张金杰等提出一种基于听觉掩蔽效应的语音增强方法，利用一个功率谱域的不等式准则来调整语音短时谱幅度估计器的参数值，通过这个参数对语音谱幅度进行估计实现语音增强，能更好地抑制背景噪声。

传统的单通道语音增强方法研究中，大多都是基于无监督性学习的语音增强方法，这种方法通常建立在事先训练好的语音和噪声模型上，这种假设前提限制了解决问题的种类，适用性较差，且增强的效果欠佳。为了克服传统语音增强算法对假设的依赖性，研究人员提出了很多改进算法，但是在实际的场景应用中，根据不同场景下的噪声类型来选择不同的语音增强算法或者不同的语音增强算法的结合，以达到增强语音清晰度和可懂度的目的。为了进一步提升语音增强性能，研究人员提出了有监督的语音增强方法。从大量的数据样本中找到纯净语音和带噪语音之间的某种复杂的非线性映射关系，结合神经网络模型进一步训练和优化，更好地实现语音增强的目的。

1.4 监督性单通道语音增强技术发展

监督性学习，即首先给出学习的目标结果，通过对数据集的训练，找到其输入与输出之间的规律，然后对测试样本使用这种规律。对语音增强这类回归问题，监督性语音增强系统可以看成从一个学习模型中学习从带噪特征映射到增强目标的函数。监督性的语音增强模型分为浅层模型和深层模型。浅层模型主要有高斯混合模型（Gaussian Mixture Model，GMM）、隐马尔可夫模型（Hidden Markov Model，HMM）、支持向量机（Support Vector Machine，SVM）、非负矩阵分解（Nonnegative Matrix Factorization，NMF）和传统人工神经网络（Artificial Neural Network，ANN）等。深层模型主要有深层神经网络(Deep Neural Networks，DNN)、卷积神经网络（Convolution Neural Networks，CNN）、循环神经网络（Recurrent Neural Network，RNN）、长短时记忆神经网络（Long Short Term Memory Network，LSTM）和生成对抗网络（Generative Adversarial Network，GAN）等。

1.4.1 基于浅层模型的语音增强算法

早期的浅层模型，主要通过对带噪时频单元的分布进行概率建模、鉴别性建模或直接对输入的带噪特征数据进行矩阵分解，挖掘非负数据中的局部基表示，从而估计混合数据中语音和噪声的成分。例如高斯混合模型是一种通过高斯概率密度函数来进行划分的数学模型，与之类似的隐马尔可夫模型是一种统计的数学模型。这种基于 GMM、HMM 的语音增强方法是通过对输入的带噪时频单元分布建立概率模型实现语音增强的。支持向量机按照二元线性分类标准对数据进行划分，将 SVM 和小波分析结合可用于实现语音增强。非负矩阵分解是利用矩阵分解的方法对信号进行处理，在对纯净语音和噪声独立训练的前提下，通过构造信号基，将其作为增强阶段的先验信息，然后处理带噪语音，得到增强后的语音。由于非负矩阵分解是一个浅层的线性模型，很难挖掘语音数据中复杂的非线性结构，且非负矩阵分解的计算复杂度高。

浅层模型不具备从数据中自动提取有用特征的能力，对样本特征抽取比较依赖人工经验或特征转换等方法，对高维数据的处理能力有限，很难对其上下层特征挖掘更多数据特征，所以在解决语音信号上下帧的问题上存在局限性。

1.4.2 基于深层模型的语音增强算法

自 2006 年开始，著名神经领域专家 Hinton 提出了深层神经网络以及反向传播算法。近年来，以深层神经网络为代表的深层模型在语音领域取得了成功。模型的层次化非线性处理能力，使得它能自动学习数据的有效特征，能处理更原始的高维数据，对特征设计要求较低，而且深层模型能够挖掘结构化特性。由语音的产生原理可知，语音的声学特征具有明显的时空结构，深层模型能够充分发挥自身优势，对这些特征建模。

基于深层神经网络模型的语音处理方法与传统方法相比降噪效果更好。深度学习凭借其复杂的特征提取表达能力，对数据中的结构相关信息进行建模，尤其在处理语音增强这类回归问题上，基于非线性映射的深层人工神经网络的深度学习方法展现出极强的建模能力，其语音增强模型框图如图1.3所示。基于深度学习的语音增强方法无须构建特定的语音目标模型，通过大量的训练样本，直接学习带噪语音和纯净语音之间的非线性映射关系。这种训练方法几乎无任何前提假设，它借助神经网络的结构，从带噪语音信号中学习出噪声和纯净语音的特性，因此噪声抑制效果显著。在经过大量的训练之后，将训练好的模型对带噪语音进行增强，其增强效果优于传统方法，去噪范围更加广泛。下面对单通道语音增强方法常用的几个深层模型进行介绍与分析。

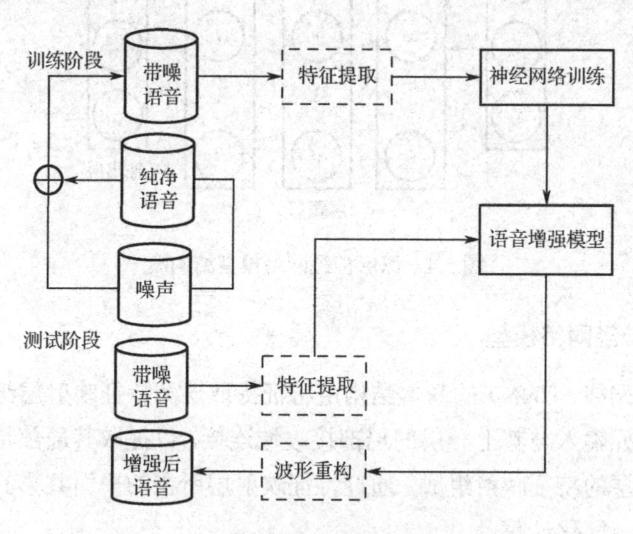

图1.3　深层神经网络语音增强模型框图

1. 深层神经网络模型

深层神经网络（DNN）模型由一个输入层、若干个隐藏层及一个输出层组成，每一层之间选择全连接方式。DNN 训练的整个过程采取前向传播和后向损失误差传播的方式，正是这种网络层与网络层之间的连接形式使得 DNN 具有强大的学习能力，能够学习到最有用的特征表示，同时也存在网络层优化困难等问题，容易导致网络陷入局部最优的情况。DNN 模型结构如图 1.4 所示。

基于 DNN 的语音增强分两个阶段进行，包括训练阶段和测试阶段。在训练阶段学习带噪语音特征到纯净语音的对数功率谱的映射函数，测试阶段通过估计得到目标语音的对数功率谱与相位进行合成，得到目标语音的波形图。通过对泛化性进行研究，提出均衡因子和噪声告知训练来提升语音增强的泛化性，进一步提高语音的可懂度。对于未见的噪声场景，提出了一种动态的噪声告知训练方法；对其噪声和语音的自适应性进一步研究，提出了一种用多目标准则的学习框架和方法，达到进一步提升语音信号信噪比的目的。为了提高基于 DNN 的语音增强方法的性能，设定了不同的训练目标进行训练，如带噪语音的理想二值掩码、理想比率掩码或复数理想比率掩码，后又提出将归一化后的纯净语音对数功率谱作为训练目标，训练目标的改进进一步提高了语音增强效果。

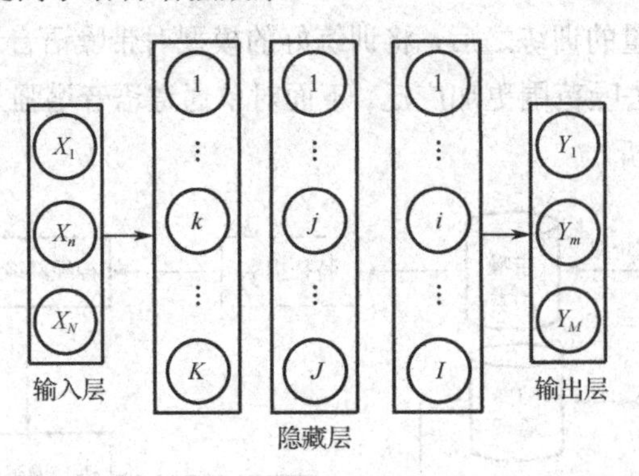

图 1.4　深层神经网络模型结构图

2. 卷积神经网络模型

卷积神经网络（CNN）的基本结构由特征提取层和特征映射层组成。特征提取层的每个神经元输入与其上一层的局部接收域连接，以提取其局部特征。特征映射层由每个计算层的特征映射组成，通过特征映射层所在的平面共享其权值参数，以减少参数个数，简化计算。

基于 CNN 语音增强的网络结构通过共享权值参数来减少神经网络训练的参数个数，以达到更好的泛化能力。语音增强本质上是一个回归类型的问题，因此将传统的 CNN 结构中的输出层替换成全连接层，其网络结构图如图 1.5 所示。通过全连接层直接来计算目标向量可以进一步提高噪声抑制能力，同时在不同噪声种类和不同信噪比条件下明显提升了增强后语音的质量和可懂度。文献[54]用卷积递归神经网络模型来实现语音增强，提出了在模型结构设计中引入语音信号的先验知识，达到了对可见噪声和未见噪声更好的泛化效果。袁文浩等提出对模型的输入进行改进，将其带噪语音短时傅里叶变换（STFT）的实部和虚部特征作为输入特征，然后构建一种多任务的学习模型，达到更好的噪声抑制能力。这种多模态学习方法，实现了语音信号的进一步增强，优化了深层卷积神经网络模型的性能。在模型选择确定的基础上又提出在其特征选取阶段进行改进，将多种特征提取方法进行综合，最后将这种组合型的综合特征作为输入特征进行增强，进一步提高了增强后的语音质量。

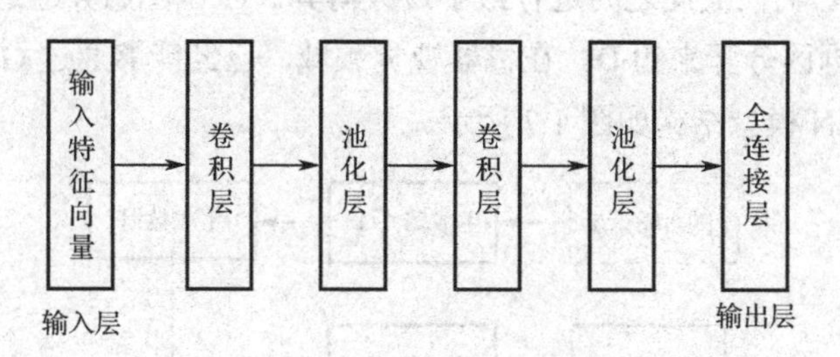

图 1.5 卷积神经网络结构图

3. 循环神经网络模型

循环神经网络（RNN）是指一种随时间变化、重复发生的网络结构。通常应用在自然语言处理、语音及图像处理等多个领域。循环神经网络和其他网络的不同点在于它可以实现某种“记忆功能”，能够按照时间序列进行分析。典型的循环神经网络包括输入 X、输出 H 和一个神经网络单元 A。其中神经网络单元不仅与输入输出存在关联，还与自身存在关系。循环神经网络结构是根据前一时刻的状态和当前的输入共同决定的，具体结构图如图 1.6 所示。

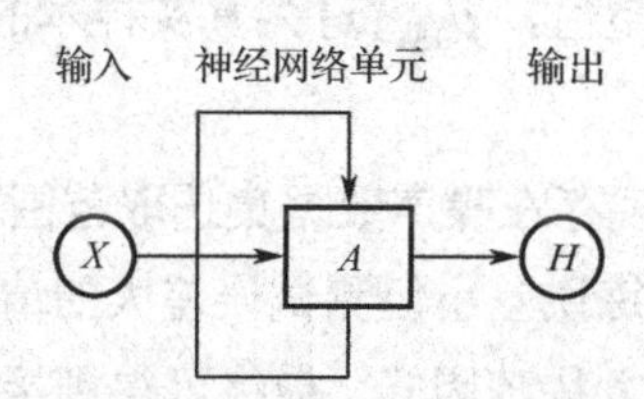

图 1.6 循环神经网络结构图

将 RNN 模型应用在语音增强上，可将卷积神经网络和循环网络相结合，将卷积神经网络用于语音的预处理阶段，用来提取带噪语音的局部特征，然后通过循环神经网络将带噪语音中不同时间段的局部特征进行关联，在充分利用带噪语音中上下文信息的前提下进一步使语音增强质量和可懂度提高。考虑到语音信号在时域上具有序列特性，文献[62]利用本身网络结构特点，充分利用带噪语音的上下文帧信息，以时频掩蔽函数作为网络层嵌入到循环神经网络中，能够充分地表达其输入特征，相比 DNN 模型更进一步提高了语音增强的性能。

4. 生成对抗网络模型

近期兴起的生成对抗网络（GAN）为语音增强提供了新的思路。该网络模型相比其他深层网络模型不需要提取语音的特征，而是直接进行学习训练。GAN 是由 Good Fellow 最近推出的一个网络框架，包括一个生成模型，即生成器（G）和判别器（D），它们在彼此之间进行最小最大博弈。G 试图愚弄经过训练以将 G 的输出与实际数据区分开来的 D。在机器视觉领域，已经能够通过 GAN 生成非常复杂的图像。GAN 模型结构如图 1.7 所示。

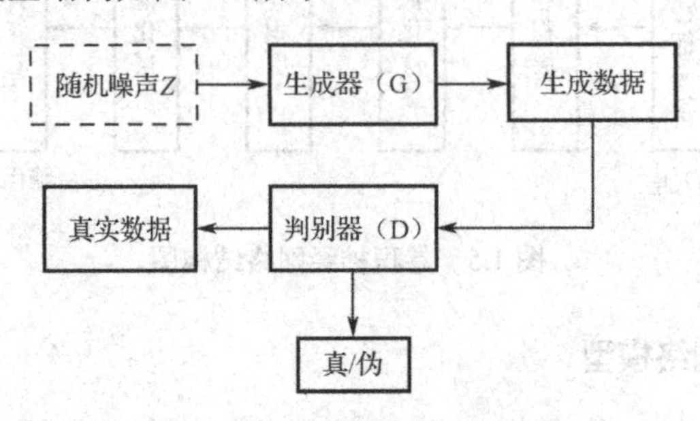

图 1.7　生成对抗网络模型结构图

基于 GAN 架构的语音增强算法已经有很多相关的研究，这种生成对抗网络模型能够保留原始语音信号时域上的相位细节信息，同时实现语音增强，其目标函数为

$$\min_G \max_D V(D,G) = E_{x\sim p_{\text{data}}(x)}[\lg D(x)] + E_{z\sim p_z(z)}[\lg(1-D(G(z)))] \tag{1.3}$$

式中，$E(*)$为分布函数的期望值，$p_{\text{data}}(x)$为真实样本的分布，$p_z(z)$是定义在低维的噪声分布。

GAN 模型的研究中发现存在噪声数据集选取范围不够广泛，以至于模型训练的泛化性不够好，且存在训练误差小但测试误差大的情况。后针对测试误差过大情况改进，在其目标函数中加入稀疏因式，最终可得到接近纯净的语音波形，取得较好降噪效果。Qin S 等对 GAN 模型进一步提出改进，将这种无监督训练学习问题转换成有监督性训练学习问题。选择用条件生成对抗网络进行训练，条件生成对抗网络是在生成器和判别器中分别加入标签 y 进行合并输入，更便于对网络模型的控制，以更好地实现目标，其训练目标函数为

$$\min_G \max_D V(D,G) = E_{x\sim p_{\text{data}}(x)}[\lg D(x\mid y)] + E_{z\sim p_z(z)}[\lg(1-D(G(z\mid y)))] \tag{1.4}$$

在条件 GAN（Conditional Generative Adversarial Networks，CGAN）模型基础上又提出了一种 Wasserstein GAN（Wasserstein Generative Adversarial Networks, WGAN）模型，WGAN 模型和 GAN 模型结构类似，都包含一个判别器网络和一个生成器网络。不同点是 WGAN 模型的训练目标中引入了一个计算真假分布之间距离的式子，在一定程度上优化了训练的效果。将 WGAN 模型应用到语音增强上，通过降低带噪语音和纯净语音之间的 Wasserstein 距离，将纯净语音从带噪语音中更好地分离出来。其目标函数为

$$\max_f E_{x\sim p_r}[f(x)]-E_{\tilde{x}\sim p_g}[f(\tilde{x})]+\lambda E_{\hat{x}\sim p_{\hat{x}}}[(\|\nabla_{\hat{x}}f(\hat{x})\|_2-1)^2] \quad (1.5)$$

式中，p_r,p_g 分别为真实分布与生成分布，$p_{\hat{x}}$ 是 p_r,p_g 之间的线性采样。

基于 WGAN 模型的语音增强算法，引进一个 W 距离使得下降梯度能够保持在一个范围内，使得整个增强模型在训练的时候有一个指标能够指示训练的进程，也解决了 WGAN 模型中分段信噪比指标较低的问题，提升了整体模型的降噪性能。

1.5 本章小结

本章节针对语音增强方法进行了综述，从语音增强模型介绍、语音增强传统方法以及目前流行的语音增强方法进行论述。根据传统语音增强方法的发展，选择时域和频域的语音增强代表性方法分别进行分析，对目前的语音增强算法，特别是基于语音模型和深度学习的增强算法，给出了比较系统的梳理和总结。基于深度学习的语音增强模型逐渐从对语音的时频域分析过渡到端到端分析，这种关注端到端的模型，对于处理语音增强这种回归类问题是合适的。同时，基于深度学习的语音增强模型在很大程度上利用的数据集较大，训练出的模型也更具有普适性。语音增强技术的发展已经向着深度学习方向转变，工业实体应用也逐步落地。在近几年的发展中，语音增强取得了一些不错的效果，但仍然存在一些问题没有解决，未来针对语音增强的研究可能集中在以下几个方面：

（1）训练样本的合理利用。对于依靠大量数据训练的深度学习网络模型，训练样本的数量是达到泛化性最基本的要求。常用的语音增强算法直接基于非线性映射，但是非线性映射对应关系会造成对训练样本的利用率不高。若采取不同类型的带噪语音进行映射关系的选择，那么对其映射关系的选择与研究可能促进对训练样本的高效利用。

（2）基于人类听觉神经系统和深层网络模型的结合研究。基于深度学习的语音增强算法模型，其构造是在仿照人类神经网络的结构来学习，若对人类听觉神经网络进一步研究，深入全面了解耳蜗的特性，仿照其原理构造模型，用其特性来构造深层神经网络，可能对今后的研究起到质的推动作用。

（3）数据的开放性。目前噪声信号的数据集很少，对研究网络模型的泛化性仍然存在一些问题。若能够获得大量噪声数据进行训练，其泛化性的更新可能会使语音增强性能的进一步提升。

（4）模型的改进优化。目前深度学习模型在图像领域上的应用比较广泛，将深度学习模型应用到语音上还存在可发展的空间。所以需要将图像方面的模型框架应用到语音增强上。同时也可以对网络框架进一步研究与拓展，提高模型能力的同时提高分析速度和延展性。

（5）元学习的应用。目前深度学习依赖于海量的数据和强大的计算资源，但缺乏快速的学习能力。将元学习的机制原理应用到深度学习模型的训练中，可以实现快速学习，加快训练的速度，同时提高模型的泛化能力。

参考文献

[1] 刘文举，聂帅，梁山，等. 基于深度学习语音分离技术的研究现状与进展[J]. 自动化学报，2016, 42(6):819-833.

[2] 杨行峻，迟惠生，等. 语音信号数字处理[M]. 北京：电子工业出版社，1995.

[3] 赵力. 语音信号处理[M]. 北京：机械工业出版社，2003.

[4] 陈照平. 基于短时谱估计的语音增强方法研究[D]. 太原：太原理工大学，2008.

[5] 王冕. 基于噪声估计的语音增强算法研究与实现[D]. 长沙：湖南大学，2018.

[6] 姚黎. 车载语音识别系统的语音增强方法研究[D]. 武汉：武汉理工大学，2012.

[7] RIX A W, BEERENDS J G, HOLLIER M P, et al. Perceptual evaluation of speech quality (PESQ)——a new method for speech quality assessment of telephone networks and codecs[C]//IEEE International Conference on Acoustics, Speech, and Signal Processing, 2001:749-752.

[8] 陈华伟. 语音通信中音质客观评价研究[D]. 成都：西南交通大学，2007.

[9] BEROUTI M, SCHWARTZ M, MAKHOUL J. Enhancement of speech corrupted by acoustic noise[C]//IEEE International Conference on Acoustics, Speech, and Signal Processing, 1979:208-211.

[10] 陶智. 低信噪比环境下语音增强的研究[D]. 苏州：苏州大学，2011.

[11] 曹玉萍. 基于信号子空间的语音增强方法[J]. 电子测试，2012(06):54-57.

[12] EPHRAIM Y, VAN TREES H L. A signal subspace approach for speech enhancement [J]. IEEE Transactions on Speech and Audio Processing, 1995, 3(4):251-266.

[13] LEV ARI H, EPHRAIM Y. Extension of the signal subspace speech enhancement approach to colored noise[J]. IEEE Signal Processing Letters, 2003, 10(4):104-106.

[14] ASANO F, HAYAMIZU S, YAMADA T, et al. Speech enhancement based on the subspace method[J]. IEEE transactions on Speech and Audio Processing, 2000, 8(5):497-507.

[15] BOLL S. Suppression of acoustic noise in speech using spectral subtraction[J]. IEEE Transactions on Acoustics, Speech and Signal Processing, 1979, 27(2):113-120.

[16] ABD El-FATTAH M A, DESSOUKY M I, DIAB S M, et al. Speech enhancement using an adaptive wiener filtering approach[J]. Progress in Electromagnetics Research, 2008, 4:167-184.

[17] VAN DEN BOGAERT T, DOCLO S, WOUTERS J, et al. Speech enhancement with multichannel Wiener filter techniques in multimicrophone binaural hearing aids[J]. The Journal of the Acoustical Society of America, 2009, 125(1): 360-371.

[18] 戴明扬，周毅，徐柏龄. 基于声门波码本受限的迭代维纳滤波语音增强[J]. 声学学报，2003, 28(01):21-27.

[19] 董胡，徐雨明，马振中，等. 基于小波包与自适应维纳滤波的语音增强算法[J]. 计算机技术与发展，2020, 30(01):50-53.

[20] 王瑜琳，田学隆，高雪利. 自适应滤波语音增强算法改进及其 DSP 实现[J]. 计算机工程与应用，2015, 51(01):208-212.

[21] PALIWAL K, BASU A. A speech enhancement method based on Kalman filtering[C]//IEEE International Conference on Acoustics, Speech, and Signal Processing, 1987, 12:177-180.

[22] 龚亮，张艳萍. 基于掩蔽效应的改进型自适应语音增强算法[J]. 南京信息工程大学学报（自然科学版），2010, 2(06):529-532.

[23] 孟欣，马建芬，张雪英. 一种低信噪比条件下的高可懂度的语音增强算法[J]. 计算机应用与软件，2016, 33(10):145-147.

[24] WILLIAMSON D S, WANG D L. Time frequency masking in the complex domain for speech dereverberation and denoising [J]. IEEE/ACM Transactions on Audio Speech & Language Processing, 2017, 25(7): 1492-1501.

[25] 张雪英，贾海蓉，靳晨升. 子空间与维纳滤波相结合的语音增强方法[J]. 计算机工程与应用，2011, 47(14):146-148.

[26] 陈建明，杨龙. 基于总体平均经验模态分解的语音增强算法研究[J]. 计算

机应用与软件，2017, 34(09):328-333.

[27] SINGH S, MUTAWA A M, GUPTA M, et al. Phase based single-channel speech enhancement using phase ratio[C]//6th International Conference on Computer Applications in Electrical Engineering-Recent Advances, 2017:393-396.

[28] 王栋，贾海蓉. 改进相位谱补偿的语音增强算法[J]. 西安电子科技大学学报（自然科学版），2017, 44(3):83-88.

[29] 张金杰，曹志刚，马正新. 一种基于听觉掩蔽效应的语音增强方法[J]. 清华大学学报（自然科学版），2001, 41(07):1-4.

[30] 时文华，张雄伟，邹霞，等. 联合深度编解码网络和时频掩蔽估计的单通道语音增强[J]. 声学学报，2020, 45(03):299-307.

[31] 许春冬，张震，战鸽，等. 面向语音增强的约束序贯高斯混合模型噪声功率谱估计[J]. 声学学报，2017, 42(05):633-640.

[32] 高珍珍. 基于梅尔频谱域 HMM 的语音增强方法研究[D]. 北京：北京工业大学，2015.

[33] 何玉文，鲍长春，夏丙寅. 基于 AR-HMM 在线能量调整的语音增强方法[J]. 电子学报，2014, 42(10):1991-1997.

[34] 徐耀华，王刚，郭英. 基于时频阈值的小波包语音增强算法[J]. 电子与信息学报，2008, 30(06):1363-1366.

[35] 路成，田猛，周健，等. L1/2 稀疏约束卷积非负矩阵分解的单通道语音增强方法[J]. 声学学报，2017, 42(03):377-384.

[36] 李煦，王子腾，王晓飞，等. 采用性别相关的深层神经网络及非负矩阵分解模型用于单通道语音增强[J]. 声学学报，2019, 44(02):221-230.

[37] 闵长伟. 基于深层神经网络的单通道语音分离方法研究[D]. 漳州：闽南师范大学，2019.

[38] LOIZOU P C. Speech enhancement: Theory and practice[M].2th ed. Boca Raton, FL.USA:CRC Press. 2013.

[39] TAMURA S. An analysis of a noise reduction neural network[C]// International Conference on Acoustics, Speech and Signal Processing, 1989: 2001-2004.

[40] 张雄伟，李轶南. 语音去混响技术的研究进展与展望[J]. 数据采集与处理，2017, 32(06):1069-1081.

[41] XIE F, VAN COMPERNOLLE D. A family of MLP based nonlinear spectral estimators for noise reduction[C]// International Conference on Acoustics, Speech and Signal Processing, 1994:53-56.

[42] HINTON G E, OSINDERO S, THE Y.W, et al. A fast learning algorithm for deep belief nets[J]. Neural Computer, 2006, 18(7):1527-1554.

[43] DAHL G E, YU D, DENG L, et al. Context-dependent pre-trained deep neural networks for large vocabulary speech recognition[J]. IEEE Transactions on Audio, Speech and Language Processing, 2012, 20(1):30-42.

[44] 徐勇. 基于深层神经网络的语音增强方法研究[D]. 合肥：中国科学技术大学，2015.

[45] XU Y, DU J, DAI L R, et al. An experimental study on speech enhancement based on deep neural networks[J]. IEEE Signal Processing Letters, 2014, 21(1):65-68.

[46] XU Y, DU J, DAI L R, et al. A regression approach to speech enhancement based on deep neural networks[J]. IEEE Transactions on Audio, Speech, and Language Processing, 2015, 23(1):7-19.

[47] 蓝天，彭川，李森，等. 单声道语音降噪与去混响研究综述[J]. 计算机研究与发展，2020, 57(05):928-953.

[48] 王青. 基于深层神经网络的多目标学习和融合的语音增强研究[D]. 合肥：中国科技技术大学，2018.

[49] 郭昆. 基于卷积神经网络的建筑风格图像分类的研究[D]. 武汉：武汉理工大学，2017.

[50] FU S W, TSAO Y, LU X, et al. Raw waveform-based speech enhancement by fully convolutional neural network[C]//IEEE in Asia Pacific Signal and Information Processing Association Summit and Conference, 2017:6-12.

[51] KOUNOVSKY T, MALEK J. Single channel speech enhancement using convolutional neural network[C]//IEEE Electronics, Control, Measurement, Signals & Their Application to Mechatronics, 2017:1-5.

[52] PANDEY A, WANG D L. A new framework for CNN-based speech enhancement in the time domain[J]. IEEE Transactions on Audio, Speech and Language Processing, 2019, 27(7):1179-1188.

[53] Ouyang Z, Yu H, Zhu W, et al. A fully convolutional neural network for complex spectrogram processing in speech enhancement[C]//2019 IEEE International Conference on Acoustics, Speech and Signal Processing (ICASSP), 2019: 5756-5760.

[54] ZHAO H, ZARAR S, TASHEV I, et al. Convolutional recurrent neural networks for speech enhancement[C]//IEEE International Conference on Acoustics, Speech, and Signal Processing, 2018: 2401-2405.

[55] 袁文浩，孙文珠，夏斌，等. 利用深度卷积神经网络提高未知噪声下的语音增强性能[J]. 自动化学报，2018, 44(04):751-759.

[56] 张涛，任相赢，刘阳，等. 基于自编码特征的语音增强声学特征提取[J]. 计算机科学与探索，2019, 13(08):1341-1350.

[57] 陈红松，陈京九. 基于循环神经网络的无线网络入侵检测分类模型构建与优化研究[J]. 电子与信息学报，2019, 41(06):1427-1433.

[58] 桑海峰，陈紫珍. 基于双向门控循环单元的 3D 人体运动预测[J]. 电子与信息学报，2019, 41(09):2256-2263.

[59] 庄连生，吕扬，杨健，等. 时频联合长时循环神经网络[J]. 计算机研究与发展，2019, 56(12):2641-2648.

[60] 袁文浩，梁春燕，娄迎曦，等. 一种时频平滑的深层神经网络语音增强方法[J]. 西安电子科技大学学报（自然科学版），2019, 46(04):130-136.

[61] 吉慧芳. 改进相位谱信息及相位重构的语音增强算法研究[D]. 太原：太原理工大学，2019.

[62] 袁文浩，娄迎曦，夏斌，等. 基于卷积门控循环神经网络的语音增强方法[J]. 华中科技大学学报（自然科学版））2019, 47(4):13-18.

[63] GOODFELLOW I J, POUGET ABADIE J, MIRZA M, et al. Generative adversarial nets[C]//International Conference on Neural Information Processing Systems, 2014:2672-2680.

[64] CHEN Y S, WANG Y C, KAO M H, et al. Deep photo enhancer: unpaired learning for image enhancement from photographs with GANs[C]//IEEE Conference on Computer Vision and Pattern Recognition, 2018:6306-6314.

[65] MICHELSANTI D, TAN Z H. Conditional generative adversarial networks for speech enhancement and noise, robust speaker verification[C]//Conference of the International Speech Communication Association, 2017:2008-2012.

[66] 李洪均，李超波，张士兵. 噪声稳健性的卡方生成对抗网络[J]. 通信学报，2020, 41(03):33-44.

[67] 孙成立，王海武. 生成式对抗网络在语音增强方面的研究[J]. 计算机技术与发展，2019, 29(02):152-156+161.

[68] 王坤封，苟超，段艳杰，等. 生成式对抗网络 GAN 的研究进展与展望[J]. 自动化学报，2017, 43(03):321-332.

[69] 李如玮，孙晓月，刘亚楠，等. 基于深度学习的听觉倒谱系数语音增强算法[J]. 华中科技大学学报（自然科学版），2019, 47(09):78-83.

[70] PASCUAL S, PARK M, Serrà J, et al. Language and noise transfer in speech enhancement generative adversarial network[C]//IEEE International Conference on Acoustics, Speech, and Signal Processing, 2018:5019-5023.

[71] PASCUAL S, BONAFONTE A, SERRA J. SEGAN: Speech enhancement generative adversarial network[C]//Conference of the International Speech Communication Association, 2017:3642-3646.

[72] Qin S, Jiang T. Improved wasserstein conditional generative adversarial network speech enhancement[J]. EURASIP Journal on Wireless Communications and Networking, 2018, 2018(1):181-191.

[73] GULRAJANI I, AHMED F, ARIJOVSKY M, et al. Improved training of wasserstein GANs[C]//Advances in Neural Information Processing Systems, 2017: 5767-5777.

[74] 叶帅帅. 基于 Wasserstein 生成对抗网络的语音增强算法研究[D]. 北京：北京邮电大学，2019.

[75] YE S S, JIANG T, QIN S, et al. Speech enhancement based on a new architecture of wasserstein generative adversarial networks[C]//International Symposium on Chinese Spoken Language Processing, 2018:399-403.

第 2 章　基于高斯混合模型的非监督在线建模噪声功率谱估计

2.1　引言

在离线高斯混合模型（Gaussian Mixture Model，GMM）的基础上，本章提出了一种在线的 GMM 建模方法。在线模型的优势在于它极大压缩了方法的时间延迟，把等待结果的时间在理论上压缩到零，从而实现在线的语音出现概率和噪声功率谱估计。在线方法使得它的实用性大为扩展，使得它可以服务于实时语音通信和压缩语音识别的时间延迟。

在离线 GMM 的基础之上，本章实现了一种在线的 GMM 参数更新方法，它可以逐帧更新参数并逐帧输出语音活动的决策结果和噪声功率谱估计值。通过时频相关平滑因子平滑带噪语音功率谱来更新噪声功率谱，其中平滑因子受控于每个频带的语音出现概率。由于该方法是在极大似然推导而来的 EM（Expectation Maximization，最大期望）方法基础上衍生的，它是一种近似最优的参数估计方法。此外，为了保证语音信号在长时缺失的情况下模型的稳定性，提出了一种在线的最小描述长度（MDL）准则来约束 GMM，判断语音长时缺失何时出现，从而保证模型的稳定性。需要特别指出，文中的含噪语音指由纯净语音与噪声叠加而成，而非语音特指无纯净语音叠加的信号，非语音在时域特指语音之间的短时和长时停顿的信号。

2.2　基于 GMM 的在线建模方法

GMM 是一种概率统计模型，它可以有效描述语音特征参数数据集的分布。GMM 大多用于声学模型、说话人模型或者噪声补偿，另一个可能的应用是实时语音分析，特别是二阶 GMM 可以解决一些实际问题。带噪语音的二元分布由 Aulay 和 Malpass 提出，Van Compernolle 采用二元分布模型的对数直方图来优化阈值判决，用于区分噪声帧和语音帧。本章将二元分布用于在线 GMM 模型。

设 $\boldsymbol{x} \triangleq \{x_1, \cdots, x_L\}$ 表示一个频带上长为 L 的功率谱序列观察值。$s_\ell = i$，表示第 ℓ 帧的语音出现或缺失，对应于语音或噪声两种状态，其中 i 为语音与非语音的标识，$i \in \{0,1\}$,其中 0 表示非语音，1 表示语音。

设 x_ℓ 表示在 ℓ 时刻带噪语音的对数功率谱包络。由 Bayes 定理可以得到：

$$\begin{aligned} p(x_\ell \mid \lambda) &= \sum_i p(x_\ell, s_\ell = i \mid \lambda) \\ &= \sum_i p(x_\ell \mid s_\ell = i, \lambda) p(s_\ell = i) \end{aligned} \tag{2.1}$$

式中，λ 为 GMM 的参数集，$p(s_\ell = i)$ 表示语音/非语音出现的先验概率，等价于 GMM 的加权因子 w_i，且满足以下关系：

$$\sum_i w_i = 1 \tag{2.2}$$

这时式（2.1）可以改写为

$$p(x_\ell | \lambda) = \sum_i w_i p(x_\ell | s_\ell = i, \lambda) \tag{2.3}$$

式中，$p(x_\ell \mid s_\ell = i, \lambda)$ 为给定条件下 x_ℓ 的条件概率，定义如下：

$$p(x_\ell \mid s_\ell = i, \lambda) = \frac{1}{\sqrt{2\pi}\sigma_i} \exp\left\{ -\frac{(x_\ell - \mu_i)^2}{2\sigma_i^2} \right\} \tag{2.4}$$

式中，μ_i 和 σ_i^2 分别为给定类别 i 的高斯分布的参数。

假设各个子带相互独立，仅关注单个子带的噪声估计问题，相应省略了子带的标识。$\boldsymbol{x}$ 表示一个频带上的功率谱序列观察值，其概率密度函数定义为

$$p(\boldsymbol{x} \mid \lambda) = \prod_{\ell=1}^{L} p(x_\ell \mid \lambda) \tag{2.5}$$

建模的关键在于 GMM 参数集 $\lambda \triangleq \{\mu_i, \sigma_i^2, w_i\}$ 的估计。给定一个观察值序列 $\boldsymbol{x}$，则参数集的极大似然（Maximum Likelihood，ML）估计可由下式导出：

$$\lambda = \arg\max_{\lambda} p(\boldsymbol{x} | \lambda) \tag{2.6}$$

以上过程可以看成是基于模型的聚类。

2.3　基于极大似然的在线参数估计

语音信号具有短时平稳性，其统计特性随着时间变化。所以在线估计的最终目的是使统计模型在线适应数据统计特征的时变特性，而同时保持离线条件下估计的最优。EM 方法是经典的极大似然估计方法，本章将 EM 的训练过程在线化，实现噪声功率谱和语音活动的在线估计，同时保证估计的最优特性。

与离线训练方法不同，在线训练方法的模型参数随着时间更新，因而模型参数需要加入时间下标。在更新过程中，ℓ时刻的模型参数集可表示为$\lambda_\ell \triangleq \{\mu_{\ell,i},\sigma^2_{\ell,i}, w_{\ell,i}|s_\ell = i\}$，下面主要阐述参数估计的推导过程。

语音出现概率（SPP）表示为

$$\gamma_{\ell|\lambda}(1)=\frac{w_{1,\ell}p(x_\ell|s_\ell=1,\lambda_\ell)}{\omega_{0,\ell}p(x_\ell|s_\ell=0,\lambda_\ell)+\omega_{1,\ell}p(x_\ell|s_\ell=1,\lambda_\ell)} \tag{2.7}$$

传统的采用语音活动检测（Voice Activity Detection，VAD）的噪声估计方法表示为

$$\begin{cases}\mu_{0,\ell+1}=\mu_{0,\ell}\text{ ，语音出现}\\ \mu_{0,\ell+1}=\alpha\mu_{0,\ell}+(1-\alpha)x_{\ell+1}\text{ ，语音缺失}\end{cases} \tag{2.8}$$

式中，α为一个恒定的忘记因子，且$0<\alpha\leqslant 1$。给出语音出现概率$\gamma_\ell(1)$后，则非语音的均值估计为语音出现和缺失情况下噪声功率谱估计值的折中，其递归过程可表示如下：

$$\begin{aligned}\mu_{0,\ell+1}&=\gamma_\ell(1)\mu_{0,\ell}+(1-\gamma_\ell(1))[\alpha\mu_{0,\ell}+(1-\alpha)x_{\ell+1}]\\&=\tilde{\alpha}_\ell\mu_{0,\ell}+(1-\tilde{\alpha}_\ell)x_{\ell+1}\end{aligned} \tag{2.9}$$

综合语音和非语音（即i=1 和 0）的情况，得到语音和非语音均值递归过程可以表示如下：

$$\begin{aligned}\mu_{i,\ell+1}&=\gamma_\ell(1-i)\mu_{i,\ell}+(1-\gamma_\ell(1-i))[\alpha\mu_{i,\ell}+(1-\alpha)x_{\ell+1}]\\&=\tilde{\alpha}_\ell\mu_{i,\ell}+(1-\tilde{\alpha}_\ell)x_{\ell+1}\end{aligned} \tag{2.10}$$

式中，$\mu_{i,\ell}$表示语音 100%出现的估计，$\alpha\mu_{i,\ell}+(1-\alpha)x_{\ell+1}$表示语音出现概率为 0%情况下的估计。$\tilde{\alpha}_\ell$是一个受控于语音出现概率的平滑系数，表示如下：

$$\tilde{\alpha}_\ell=\alpha+(1-\alpha)\gamma_\ell(i) \tag{2.11}$$

式中，α为一个恒定的忘记因子，且$0<\alpha\leqslant 1$。

同理，语音和非语音方差递归过程可以表示为：

$$\sigma^2_{i,\ell+1}=\tilde{\beta}_\ell\sigma^2_{i,\ell}+(1-\tilde{\beta}_\ell)(x_{\ell+1}-\mu_{i,\ell+1})^2 \tag{2.12}$$

式中，$\tilde{\beta}_\ell$是一个受控于语音出现概率的平滑系数，表示如下：

$$\tilde{\beta}_\ell=\beta+(1-\beta)\gamma_\ell(i) \tag{2.13}$$

式中，β为一个恒定的忘记因子，且$0<\beta\leqslant 1$。

GMM 加权系数的递归过程可以表示为：

$$\omega_{\ell+1,i}=\chi\omega_{\ell,i}+(1-\chi)\gamma_{\ell+1}(i) \tag{2.14}$$

式中，χ为一个恒定的忘记因子，且$0<\chi\leqslant 1$。由于该方法是在极大似然推导而来的 EM 方法基础上衍生的，因此保证了估计的最优特性。

此外，为了保证语音信号在长时缺失的情况下模型的稳定性，提出一种在线的最小描述长度（MDL）准则来约束 GMM，以判断语音长时缺失何时出现，从而保证模型的稳定性。在对前 N 帧含噪语音信号初始化后，在更新过程中基于 MDL 准则在线约束。它有别于基于规则的启发式方法，有助于提升语音出现概率和噪声功率谱估计的性能。

2.4　基于 MDL 准则的在线约束

上述非监督建模方法适应于高 SNR 条件，然而在低 SNR 频带上，语音信号可能长时缺失，这时语音状态很难建模。如果仍然采用上述模型估计语音出现概率和噪声对数功率谱，容易存在强噪声成分被误判为语音信号和弱语音成分被误判为噪声。为解决该问题，在模型中引入约束机制来解决该二元状态模型中仅存在噪声状态的问题，使模型能够同时处理高 SNR 和低 SNR 频带。

MDL 准则是一种对模型选择的信息论准则，其主要思想是利用概率模型对物体进行建模时，需要兼顾模型的准确程度和复杂度问题，从编码的角度看就是让信息的码字长度最短。它包含两层含义：一是模型本身的描述需要简单，二是在该模型下数据的描述也必须简单。MDL 准则在评判时，选择对数据描述长度最小的模型。它一般用于离线的聚类数目判断，然而噪声功率谱估计一般采用在线方法，传统的 MDL 方法不适用于噪声估计。针对语音长时缺失而导致的模型失稳问题，本章提出了一种在线的 MDL 准则，将传统的离线判断转化为一个在线判断的过程，使之适应在线噪声功率谱的估计，以保证模型更新的稳定性。

对前 N 帧（ N=80 ）带噪语音信号初始化后，在更新过程中采用 MDL 准则在线约束。它有别于基于规则的启发式方法，有助于提升语音出现概率噪声功率谱估计性能。MDL 准则描述如下：

当 $\ell \leqslant N$ 时，初始化阶段采用离线的 MDL 准则，表示如下：

$$P_N^m = \sum_{\ell=1}^{N} p(x_\ell \mid \lambda_0^{(m)}) \tag{2.15}$$

式中，P_N^m 表示给定聚类数目情况下的似然度，λ_0 表示初始化模型参数集，m 表示状态数，m 的取值为 1 或 2。$\lambda_0^{(1)}$ 表示仅存在非语音状态，$\lambda_0^{(2)}$ 表示同时存在含噪语音状态和非语音状态，$p(x_\ell|\lambda_0)$ 为高斯函数似然度。评判时，选择对数据描述长度最小的模型。

当 $\ell > N$ 时，约束更新阶段采用在线的 MDL 准则，描述如下：

$$\mathrm{MDL}_{\ell}(m)=p_{\ell}^{(m)}+\frac{1}{2}d_{p}(m)\ln L \tag{2.16}$$

式中，$p_{\ell}^{(m)}$表示m个状态数的模型似然度，定义如下：

$$p_{\ell}^{(m)}=\alpha p_{\ell-1}^{(m)}+(1-\alpha)p(x_{\ell}|\lambda_{\ell}^{m}) \tag{2.17}$$

式中，当$m=1$时，$p_{\ell}^{(m)}$表示高斯模型似然度；当$m=2$时，$p_{\ell}^{(m)}$表示高斯混合模型似然度；$d_{p}(m)$表示模型参数的数目，其中α为一个恒定的忘记因子，且$0<\alpha<1$；L为建模窗中包含的帧数，它和忘记因子满足关系：$L=\lfloor\alpha/(1-\alpha)\rfloor$。

由于 MDL 准则在评判时，选择对数据描述长度最小的模型，因此，如果$\mathrm{MDL}_{\ell}(2)>\mathrm{MDL}_{\ell}(1)$，表示仅存在非语音状态，则语音模型停止更新，只更新非语音模型；如果$\mathrm{MDL}_{\ell}(2)<\mathrm{MDL}_{\ell}(1)$，表示同时存在语音和非语音状态，则模型正常更新。

2.5 聚类方法实现

通过上述分析，基于 EM 算法的参数估计过程等价于基于模型的聚类过程，基于 GMM 模型的在线聚类方法实现过程总结如下：

基于在线 GMM 的语音出现概率与噪声功率谱估计流程图如图 2.1 所示。首先采用式（2.13）提取功率谱包络；然后对 GMM 模型进行初始化，初始化帧长为 N，采用离线的 MDL 准则和 EM 批处理方法得到初始化模型参数集λ_0。然后从第 N+1 帧开始，将 EM 的训练过程在线化，对在线输入的帧序列进行加窗和傅里叶变换等预处理，用平滑的子带能量作为语音特征，采用在线 MDL 准则更新模型的参数集。输出的非语音均值对应噪声功率谱最优估计，同时可计算语音出现概率估计值。

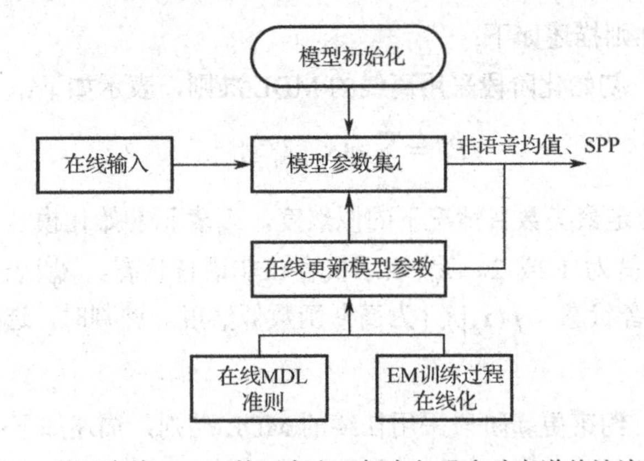

图 2.1　基于在线 GMM 的语音出现概率与噪声功率谱估计流程图

2.6　实验设置与分析

2.6.1　实验设置

本书实验主要用到的数据集有：VCTK 语音数据集、TIMIT 数据集、AISHELL-1 语音数据集和 Noisex-92 噪声数据集。

VCTK 语音数据集由 110 位不同方言的美国本地人以英语发音录制，每个说话人大约录有 400 条语音，语音大都来自于报纸、日常口语通话和杂志。所有的语音数据均使用相同的录音设备进行录制，录音设备为全向麦克风（DPA 4035）和具有非常宽带宽的小型隔膜电容式麦克风，20 比特位深和 96kHz 采样率。所有的录音都被转换为 16 比特，并且下采样至 48kHz。数据集大小约 14.1GB，可以用来语音识别、语音增强或语音合成的任务。

TIMIT 数据集由 630 名来自美国的本地人以英语方言录制，每个说话人录制了 10 条不同语句的语音，每段语音的采样率为 16kHz，位深为 16 比特。整个语音数据集占 500MB 大小，一共 6300 条语音。

AISHELL-1 语音数据集是由西尔贝壳公司录制的开源中文语音数据集 AISHELL-ASR0009 中的一部分，由 400 名来自中国不同地方的说话人以普通话录制，AISHELL-1 数据集总录音时长达 178 小时，整个语音数据集有 20GB，包括日常生活起居、无人驾驶、生产工业等 11 个领域。录制环境在消音室内，同时使用 3 种设备进行录制，分别为高保真麦克风（44.1kHz，16 比特）、Android 系统手机（16kHz，16 比特）、iOS 系统手机（16kHz，16 比特）。高保真麦克风录制的语音会被统一下采样至 16kHz。

本章实验采用 Noisex-92 噪声数据集中的 White 噪声、F16 机舱噪声以及 Babble 类语音噪声。纯净语音选自 TIMIT 数据集，选用 10 人的语音数据，其中男声和女声各占 50%，每段纯净语音由 TIMIT 数据集中的两个短句构成，共测试 10 段长句。三类噪声信号分别以 0dB、5dB 及 10dB 的信噪比添加到纯净语音中，得到带噪语音信号。所有的信号采样率均为 16kHz，帧长为 256，帧移为 128，窗函数采用汉宁窗，α,β,χ 均取值为 0.98。测试数据集共 90 组（10 组语音×3 类噪声×3 个级别噪声），分别由经典的 MS 方法、IMCRA 方法以及提出的在线 GMM 方法进行处理，结合 OM-LSA 方法实现语音增强。其中 MOS 打分时，有 10 个被测试者，由年龄在 18～40 岁之间听力正常的 5 男 5 女组成。采用耳机进行实验测听，打分前，先播放原始语音和带噪语音，然后随机播放经各种方法处理后的增强语音。

2.6.2 实验结果与分析

本章节采用噪声估计误差的 MSE 测度和对数谱域的噪声估计误差来评价噪声功率谱估计结果，并采用语音增强来间接评价语音出现概率和噪声功率谱估计性能，用分段信噪比（SegSNR）和感知语音质量主观评价（MOS）指标评估处理后的语音质量。

通常分段信噪比越大，则语音所含噪声和失真就越小；感知语音质量评价分值越大，则主观语音质量越好。

针对不同噪声水平和噪声类型，表 2.1～表 2.4 分别给出了经过 3 种方法处理后的噪声估计误差 MSE 测度、对数谱域噪声估计误差、语音增强分段信噪比以及 MOS 分值。

表 2.1 噪声估计误差的 MSE 测度

SNR（dB）	White 噪声			F16 机舱噪声			Babble 类语音噪声		
	MS	IMCRA	在线 GMM	MS	IMCRA	在线 GMM	MS	IMCRA	在线 GMM
0	0.57	0.56	0.53	0.79	0.84	0.57	0.84	0.89	0.67
5	0.58	0.57	0.54	0.82	0.90	0.59	0.96	1.00	0.68
10	0.60	0.60	0.55	0.86	0.93	0.60	1.01	1.06	0.71

表 2.2 对数谱域的噪声估计误差（dB）

SNR（dB）	White 噪声			F16 机舱噪声			Babble 类语音噪声		
	MS	IMCRA	在线 GMM	MS	IMCRA	在线 GMM	MS	IMCRA	在线 GMM
0	6.41	6.34	5.76	6.32	6.42	5.85	7.46	7.49	7.37
5	6.43	6.39	5.78	6.37	6.49	5.91	7.68	7.56	7.59
10	6.46	6.44	5.82	6.46	6.58	5.97	7.99	7.70	7.64

从表 2.1 和表 2.2 可以看出，提出的在线 GMM 方法的 MSE 测度和对数谱域的噪声估计值均小于参考方法，表明提出的方法具有更好的噪声估计精度。需要特别指出，在噪声功率谱估计过程中，语音信号是一种干扰，噪声功率谱估计的准确程度随着信噪比的提高而下降。

表 2.3　不同噪声条件下语音增强的分段信噪比（dB）

SNR（dB）	White 噪声			F16 机舱噪声			Babble 类语音噪声		
	MS	IMCRA	在线 GMM	MS	IMCRA	在线 GMM	MS	IMCRA	在线 GMM
0	3.81	4.22	4.85	3.67	3.51	3.99	3.55	3.68	3.70
5	6.38	6.57	7.19	6.11	5.94	6.53	6.10	6.21	6.19
10	9.33	9.39	10.22	9.17	8.95	9.64	9.22	9.19	9.31

表 2.4　不同噪声条件下语音增强的 MOS 分值

SNR（dB）	White 噪声			F16 机舱噪声			Babble 类语音噪声		
	MS	IMCRA	在线 GMM	MS	IMCRA	在线 GMM	MS	IMCRA	在线 GMM
0	1.64	2.41	2.71	1.62	2.36	2.62	1.60	2.30	2.48
5	2.22	3.19	3.84	2.18	3.15	3.59	2.12	3.16	3.40
10	2.72	3.61	4.33	2.64	3.60	4.15	2.63	3.55	3.82

从表 2.3 可看出，在 White 噪声和 F16 机舱噪声环境下，在线 GMM 方法的分段信噪比高于参考方法；而在 Babble 类语音噪声环境下，在线 GMM 方法的分段信噪比结果与参考方法相当。从表 2.4 可以看出，在线 GMM 的 MOS 分值高于参考方法。总之，提出的方法对一些噪声具有更好的适应性和增强后的语音质量。

图 2.2 为增强后的语谱图，其中图 2.2（a）为 White 噪声条件下信噪比为 10dB 的语音信号，它分别由经典的 MS 方法、IMCRA 方法以及提出的在线 GMM 方法进行处理，分别得到图 2.2（b）～图 2.2（d）所示增强后的语谱图，其中图 2.2（e）为原始语音信号的语谱图。

对比发现，在语音起始部分经过 MS 方法、IMCRA 方法以及提出的在线 GMM 方法处理后的语谱图逐步变得清晰，频谱质量显著提高。通过比较各个虚线椭圆标识位置的频谱，可以观察到提出方法的有效性。这是因为 MS 方法的噪声大多存在欠估计现象，特别在初始化阶段，重构语音容易产生大量的噪声。IMCRA 方法相比 MS 方法有所改善，但也不是最优的估计，本质上为启发式的方法。而在线 GMM 方法采用了经典的 EM 方法实现近似最优估计。此外，在线 GMM 能较好地保留带噪语音中的弱语音成分，改善了重构语音质量，如两处实线椭圆标识位置的频谱质量总体优于参考方法。语音主客观评价实验结果表明：在嘈杂噪声环境下，提出的在线 GMM 对一些噪声类型具有更好的适应性和增强后的语音质量，其处理结果更接近于原始语音。

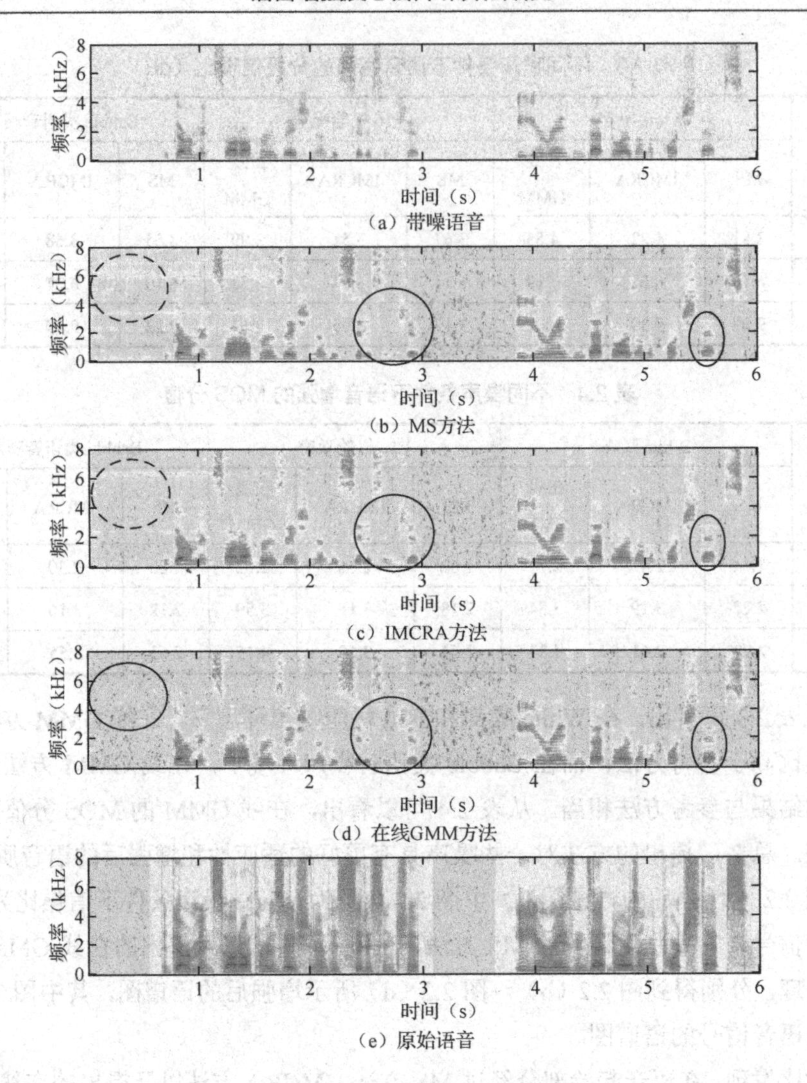

图 2.2　增强后的语谱图

此外，在线方法使得方法的实用性大为扩展，使得它可以服务于实时语音通信和压缩语音识别的时间延迟。

2.7　本章小结

语音出现概率和噪声功率谱估计是语音增强的重要组成部分。本章结合在线GMM 和在线 MDL 准则的方法，对每一个子带上的语音和非语音功率谱包络进行聚类，在极大似然的意义上，保证了语音出现概率与噪声对数功率谱包络估计的近似最优。由于在语音缺失的情况下，约束更新而导致的噪声功率谱的估计并非满足极大似然准则，而在没有语音干扰的情况下，我们能够容易得到比较准确估计噪声功率谱估计值。因此，提出方法的重点在于出现语音信号干扰的情况下保证了噪声功率谱估计的近似最优，这种极大似然下的最优，保证了本章提出的基于在线GMM方法整体优于传统的 MS 方法和 IMCRA 方法。总之，在传统的 EM 方法重估公式的基础上，实现了一个近似最优的 GMM 参数在线估计。

参考文献

[1] Gonzalez J A, Peinado A M, Ma N, et al. MMSE-based missing-feature reconstruction with temporal modeling for robust speech recognition [J]. IEEE Transaction on Audio, Speech, and Language Processing, 2013, 21(3): 624-635.

[2] Ying D, Unoki M, Lu X, et al. Speech enhancement based on noise eigenspace projection[J]. IEEE Transactions on Information and Systems, 2009, 92(5): 1137-1145.

[3] ZHANG X, HUANG C, ZHAO L, et al. Recognition of practical speech emotion using improved shuffled frog leaping algorithm[J]. Chinese Journal of Acoustics, 2014, 33(4): 441-455.

[4] Baum L, Petrie T, Soules G, et al. A maximization technique occurring in the statistical analysis of probabilistic functions of Markov chains[J]. Annals of Mathmatical Statistics, 1970, 41(1): 164-171.

[5] WAX M, KAILATH T. Detection of signals by information theoretic criteria[J]. IEEE Transactions on Acoustics, Speech, and Signal Processing, 1985, 33(2): 387-392.

[6] 徐向华，朱强，郭杰. 语音识别中基于最小描述长度准则的决策树动态减枝算法[J]. 声学学报，2006, 31(4): 370-376.

[7] 许春冬，夏日升，应冬文，等. 面向语音增强的序贯隐马尔可夫模型时频语音存在概率估计[J]. 声学学报，2014, 39(5): 647-654.

[8] Zhang X L, Wu J. Deep belief networks based voice activity detection[J]. IEEE Transaction on Audio, Speech, and Language Processing, 2013, 21(4): 697-710.

[9] Pascal F, Chitour Y, Ovarlez J P, etal. Covariance structure maximum-likelihood estimates in compound Gaussian noise: Existence and algorithm analysis[J]. IEEE Transactions on Audio, Speech,and Language Processing, 2007,56(1):34-48.

[10] XU R, Donald W. Survey of clustering algorithm[J]. IEEE Transactions on

Neural Networks, 2005, 16:645-678.

[11] Choi J H, Chang J H. On using acoustic environment classification for statistical model-based speech enhancement[J]. Speech Communication, 2012, 54(3): 477-490.

[12] Martin R. Noise power spectral density estimation based on optimal smoothing and minimum statistics[J]. IEEE Transaction on Audio, Speech, and Language Processing, 2001, 9(5): 504-512.

[13] Veaux C, Yamagishi J, Macdonald K. Superseded-cstr vctk corpus: English multi-speaker corpus for cstr voice cloning toolkit[J]. CSTR 2016.

[14] Gerkmann T, Hendriks R C. Unbiased MMSE-Based noise power estimation with low complexity and low tracking delay [J]. IEEE Transaction on Audio, Speech, and Language Processing, 2012, 20(4): 1383-1392.

[15] Garofolo J S, Lamel L F, Fisher W M, et al. Getting started with the DARPA timit cd-rom: an acoustic phonetic continuous speech database[J]. National Institute of Standards & Technology(NIST), Gaithersburgh MD, 1988.

[16] Hui B, Jiayu D, Na X, et al. AISHELL-1: An open-source Mandarin speech corpus and a speech recognition baseline[C]//20th Conference of the Oriental Chapter of the International Coordinating Committee on Speech Databases and Speech I/O Systems and Assessment, 2017: 1-5.

[17] 吴迪，赵鹤鸣，陶智，等. 低信噪比下采用感知语谱结构边界参数的语音端点检测算法[J]. 声学学报，2014, 39(3): 392-399.

[18] Varga A, Steeneken H. Assessment for automatic speech recognition: II. NOISEX-92: A database and an experiment to study the effect of additive noise on speech recognition systems [J]. Speech Communication, 1993, 12(3):247-251.

[19] Cohen I, Berdugo B. Noise estimation by minima controlled recursive averaging for robust speech enhancement[J]. IEEE Signal Processing Letters, 2002, 9(1): 12-15.

[20] Jalal T, Jalil T, Nasser M, et al. An evaluation of noise power spectral density estimation algorithms in adverse acoustic envirenments [C] //Proceedings of the IEEE International Conference on Acoustics, Speech, and Signal Processing, ICASSP 2011, Prague Congress Center, Prague, Czech Republic, 4640- 4643.

[21] Xu Y, Du J, Dai L R, et al. An experimental study on speech enhancement based on deep neural networks[J]. IEEE Signal Processing, 2014, 21(1): 65-68.

[22] HUANG J J, ZHANG X W, ZHANG Y F, et al. Single channel speech enhancement via time-frequency dictionary learning[J]. Chinese Journal of Acoustics, 2013, 32(1): 90-102.

[23] International Telecommunication Union. Methods for subjective determination of transmission quality[J]. ITU Recommendation, 1996:800.

[24] 梁山，刘文举，江巍. 基于噪声追踪的二值时频掩蔽到浮值掩蔽的泛化算法[J]. 声学学报，2013, 38(5): 632-637.

第 3 章　结合优化 U-Net 和残差网络的单通道语音增强算法

3.1　引言

现阶段，随着深度学习技术的成功实践，深层神经网络（Deep Neural Networks，DNN）已经广泛应用于语音增强中，并显著提高了低信噪比和非平稳噪声环境下的语音质量和可懂度。2006 年，Hinton 提出深层神经网络及反向传播算法。此后，大量的神经网络算法被提出并运用。如基于深层神经网络的方法，此类方法通过纯净语音对数功率谱和带噪语音对数功率谱之间的复杂非线性映射关系，建立网络训练模型，与传统方法相比提高了非平稳噪声环境和低信噪比下的语音增强效果。但是考虑到语音信号在时频域的相关性，为充分利用语音信号在时频域的特征信息，文献[7]提出通过卷积神经网络（Convolutional Neural Networks，CNN）构造训练模型，利用 CNN 网络在二维平面的局部相连性质，能够更好地利用语音信号的时频特征信息，提取出更丰富的特征信息，与 DNN 相比恢复纯净语音信号的效果更好。全卷积神经网络（Fully Convolution Networks，FCN）是将传统 CNN 中卷积层后面的全连接层替换成卷积层，通过对称网络结构，反卷积输出能够保证和输入相同的尺寸大小，保留原始语音信号的全部信息。

U-Net 网络是 2016 年开始用于医学图像分割的一种优秀的网络模型，它是一种端到端的对称结构，在分割医学图像领域表现出卓越的性能。因 U-Net 网络是在 FCN 网络基础上改进而来的，故其网络结构具有局部相连特征，可以被引用到语音信号处理领域，充分利用卷积网络特性学习语音时频相关特征，对带噪语音的时频信息建模。Wave-U-Net 由 Daniel 等人提出用于音源分离任务中，其结构与 U-Net 网络结构相同，只是将其应用于音频相关任务中，故称为 Wave-U-Net。Wave-U-Net 网络直接在时域对语音信号进行一维卷积，不需进行时频变换，具有强大特征提取能力使得在语音分离任务中实现了不错的效果。但是网络模型训练由于梯度消失的原因，训练不够稳定。

本章提出一种改进的 U-Net 语音增强模型，将 U-Net 网络模型应用于语音增强任务中，利用文献[10]提出的残差神经网络，可以改善反向传播过程中的梯度流以及防止梯度消失，解决网络模型训练不稳定的问题。将残差神经网络（Residual Network）引入 U-Net 模型中，通过建立深层抽象特征与浅层特征之间的“跨层连接”，增强特征的传播能力，提高特征信息的利用率，有助于梯度反向传播，并加快了网络的收敛速度，避免梯度消失现象，在一定程度上有效提升了模型的性能，对比其他算法具有更好的增强效果。

3.2　Residual-U-Net 语音增强方法

3.2.1　自编码器结构

U-Net 网络结构来自于早期研究的自编码器结构，自编码器是由 Hinton 等人提出的一种通过无监督方式进行学习的简单人工神经网络。自编码器能够将高维度的数据转化为低维度的，通常应用于数据降维、数据压缩等方向。随着深度学习在计算机视觉领域的普遍应用，能够将自编码结构应用于语音相关领域。

自编码器主要分为三部分，分别为编码阶段（器）、隐藏层和解码阶段（器），图 3.1 所示是一个典型的自编码器网络结构图。

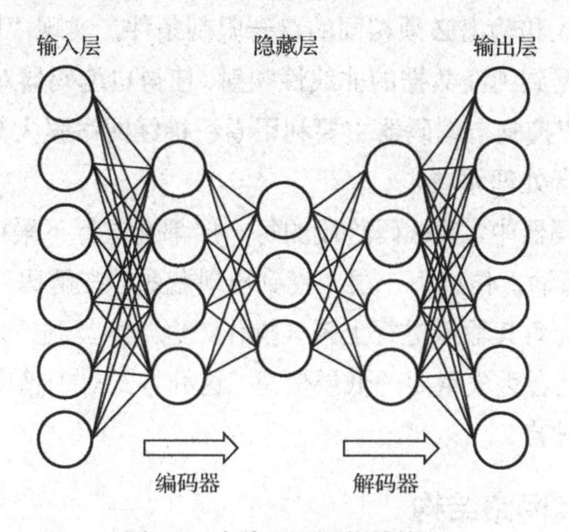

图 3.1　自编码器网络结构图

从图 3.1 可知，左边是输入层，中间有多个隐藏层，也称为“瓶颈层”，右边是输出层。网络层之间连接选取全连接的方式，编码阶段包括输入层到瓶颈层，解码阶段包括瓶颈层到输出层，编解码器具有对称结构。自编码器训练的目的是将数据中嵌入的特征编码到“瓶颈层”的输出中。但是如果自编码器训练过度了，能够学习原始数据包含的所有特征，而不是预期的关键特征。这种自编码器训练得到一个完全输入到输出的完整性复制，而不是对其关键性特征的重构。可以看出一个典型的自编码器有两个主要特征：

（1）输入层和输出层有着相同数量的神经元，网络训练时选择相同的输入和输出数据其目的是通过高阶的特征来重建输入源数据。

（2）为了限制编码器的性能，最原始的想法是限制编码器中的节点数，要求节点数少于输入数据的维度。即神经元数目少于输入层的神经元个数，能够实现降低数据维度的目的，通过学习过程中的输入数据低维高阶的特征，以提高自编码器结构的健壮性。

自编码器可视为是无监督学习方式下的网络模型，在训练过程中，其输入和输出数据是一样的，原始数据没有对应的标签。单独的自编码器本身是不具有分类功能的，它主要有两个应用方面：一是作为复杂网络中的一部分，可用来提取其高阶特征；二是对高维度数据可视化处理，能够以非线性方式降维。

传统自编码器有两个明显的缺点，一是神经元之间选择全连接的方式，导致网络中权重数量增多，不利于充分利用数据；二是自编码器结构一般适用于纯净的数据处理，处理带噪的数据会使得该网络丧失原本的学习能力。为解决以上两个缺点，对自编码器进行修改。目前使用最为广泛的扩展自编码器是卷积噪声抑制自编码器。通过改变对输入和输出必须相同的这一限制条件，实现“噪声抑制”。模型可以学习到由带噪数据到纯净数据的非线性映射，使得自编码器对输入的数据有更稳健的表示。卷积噪声抑制自编码器主要利用卷积神经网络强大数据表示能力，能广泛应用于图像和语音处理领域。

在传统的自编码器中，其编码阶段的每一层都会进行下采样操作，通常选择步幅长度为2，然后将输入传给下一层，直到出现瓶颈。在解码阶段，其过程与编码阶段相反，每一层会对其输入进行上采样操作，直到恢复到原来的形状。然而，在下采样过程中，可能会丢失重要的低层信息，这种方式对于精度要求高的图像或语音恢复而言是一个缺点。

3.2.2 U-Net 网络结构

U-Net 模型由卷积神经网络发展而来，是 Olaf 等人在 2015 年的天池医疗 AI 大赛中提出的一种新型模型。该网络利用了卷积噪声抑制自编码器的结构模型，在编码阶段和解码阶段之间增加了一个融合层，在收缩路径时将高分辨率特征与高采样相结合。

如图 3.2 所示描述了 U-Net 网络的对称架构模型。编码器可视为多个卷积层的叠加，其中包括卷积滤波、批标准化、池化操作以及非线性变换。左边是提取特征的编码器，用于下采样；右边是在编码的特征中构造的解码器，用于上采样。

其中矩形框上方的数字代表通道的数量，保证同一级的输出尺寸一致。图 3.2 中左边的矩形框大小由上到下依次递减，右边的矩形框大小由下到上依次增强，说明编码器在不断提取特征之后，在解码器中相应地恢复特征。U-Net 结构中的跳层连接是将左边结构输出的特征图拼接到右边结构中，也即将底层特征复制到高层结构中，能够将特征信息在底层与高层网络中传播，这种网络结构有助于梯度的反向传播。

传统的 U-Net 模型中，考虑到梯度消失的问题，一般选择的网络层数较少，需要学习的参数数量较多，导致 U-Net 网络难以满足日益复杂的需求；同时 U-Net 网络处理大数据样本时，因产生很多重复的特征提取操作而导致冗余，故而拖慢网络的速度。

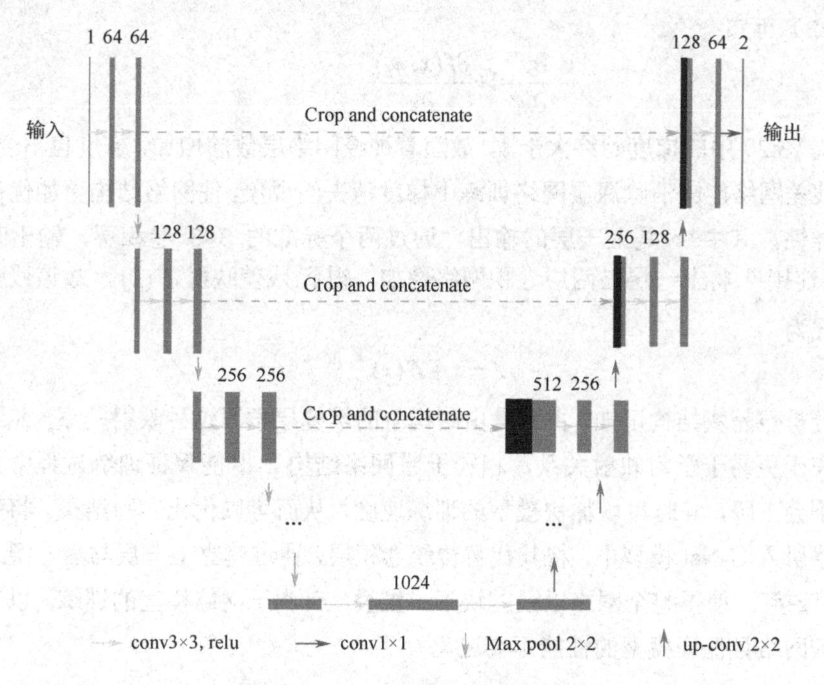

图 3.2　U-Net 网络的对称架构模型

3.2.3　残差网络

残差网络（ResNet）的主要特点是能够解决网络训练中的退化问题，也即当网络层复杂化，ResNet 可以保证层数与准确度，解决了网络梯度的问题，更快收敛。

残差网络结构如图 3.3 所示，其通过“跨层连接”（Shortcut）的方式建立卷积层之间的跨层叠加，相当于增加直连通道，在保留上一网络层输出的同时实现特征的重用。

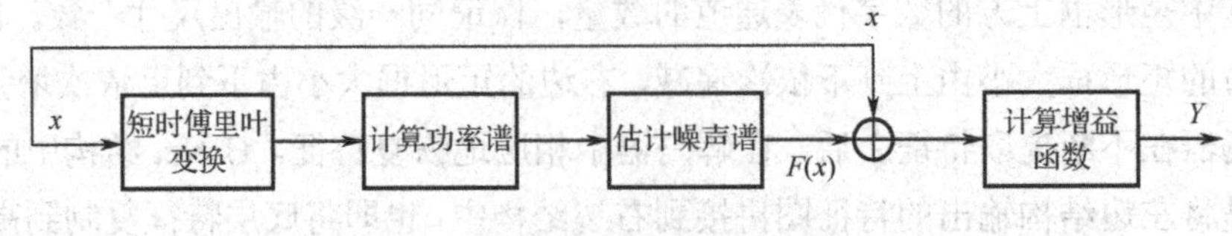

图 3.3　残差网络结构图

残差网络由残差块组成，基于残差块的优化思想，可表示为

$$y = x + f(x, w_l) \tag{3.1}$$

残差块由直接映射部分和残差部分组成，式（3.1）中，x 代表网络的输入，y 代表网络的输出，w_l 为第 l 层参数，$f(x,w_l)$为残差映射。残差块的优化思想是在神经网络训练中，学习拟合 $y-x$ 的残差映射比学习网络中恒等映射 y 更容易。由式（3.2）可知：

$$\frac{\partial y}{\partial x} = 1 + \frac{\partial f(x, w_l)}{\partial x} \tag{3.2}$$

式（3.2）中的梯度始终大于 1，故随着神经网络层数的增加，梯度也不会消失。使用残差网络能够消除深层网络训练中梯度消失的现象，使网络结构更加优化且富有多样性。其中 x 是上一层的输出，通过两个标准的 3×3 卷积层，输出时通过“跨层连接 ”将上一层与两层卷积网络叠加，得到残差映射 $F(x)$。故该残差网络结构式为

$$Y = x + F(x) \tag{3.3}$$

分析残差块结构可知，主要是由结构中的堆叠层学习这种映射关系，此结构的优势在于更易于学习映射关系，相较于原网络结构，既能保证训练过程中其模型性能不会下降，同时可以加快模型的训练速度，从而可以优化实验结果。将残差神经网络引入 U-Net 模型中，将其代替传统卷积层，通过建立上一层与后一层之间的“跨层连接”，使得整个网络以残差块形式堆叠，有利于网络模型的训练，以训练出更深的网络且保证模型的性能不会退化。

3.2.4　Residual-U-Net 网络

我们设计了一种 Residual-U-Net 网络，结构如图 3.4 所示。其以 U-Net 网络作为基本框架，加入残差网络，并进行批标准化处理。图 3.4 的左侧主要有卷积层和最大池化层，通过编码器提取每层信号的抽象特征，每层输出的特征图在频率维度

减少，而在时间维度上保持不变。在基线 U-Net 结构基础上，在 2 个 3×3 卷积层和 1 个 2×2 最大池化层之间加入 1 个 3×3 结构的残差块，由残差卷积模块构成整个网络。卷积操作之后进行批处理化，网络选择 LeakyRelu 激活函数，以零填充方式进行填充，结果特征图与其输入保持相同尺寸。图 3.4 的右侧和左侧网络是对称结构，右侧网络是上采样过程，通过上采样恢复特征图大小。与左侧结构类似，采用 3×3 的卷积核进行反卷积操作，在 2 个 3×3 的卷积层与层之间加入 1 个 3×3 结构的残差块。训练目标是将混合波形 $m\in[-1,1]^{L\times C}$ 分离为 K 个目标源波形 $S^1,\cdots,S^K$，其中 $S^k\in[-1,1]^{L\times C}$，$k\in1,\cdots,K$，C 为音频信道数，L 为音频样本数。对于单通道的语音增强，设置 K=2 和 C=1。

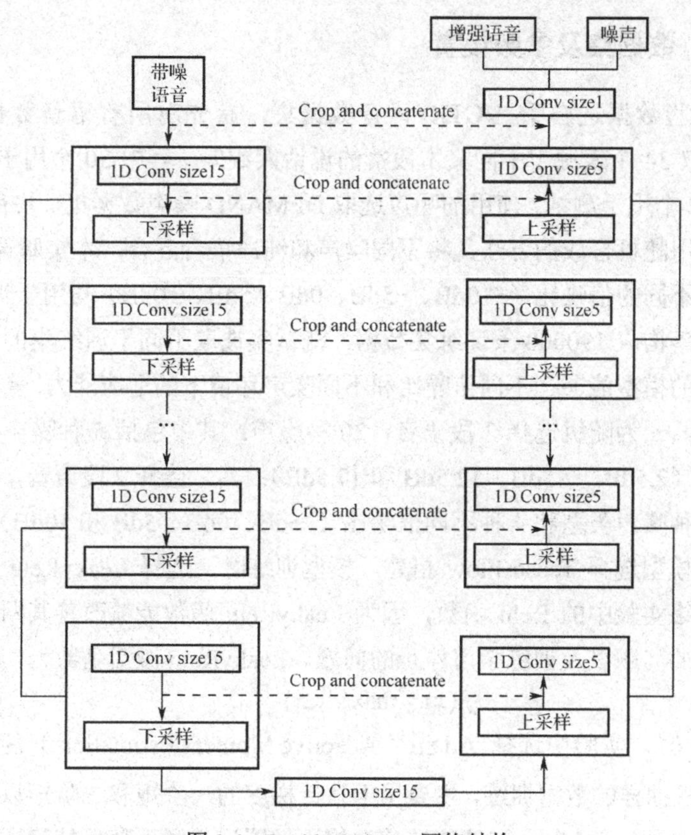

图 3.4　Residual-U-Net 网络结构

3.3　实验设置与分析

本次仿真所用的设备主要为计算机硬件为 Intel Core i7-8700 与 GTX1080Ti，软件选择 TensorFlow 作为后端训练，实验环境配置如表 3.1 所示。

表 3.1　实验环境

实 验 环 境	环 境 配 置
操作系统	Ubuntu16.04LTS 64 位 Intel © Core ™ i7-8700
CPU/GHz	CPU@ 3.40
内存/GB	32
GPU	GTX1080 2 个
深度学习框架	TensorFlow

3.3.1　数据集及参数设置

本章实验数据选自于 VCTK 语音数据集，首先对所有语音数据下采样到 16kHz，选取 34 个来源于不同文本段落的说话人数据，其中 30 个用于训练，2 个用于验证，2 个用于测试。使用的噪声选取 DEMAND 噪声数据集，共有 18 种不同的噪声。使用随机合成的方法，将不同噪声和纯净语音混合，本实验选取 10 种不同的噪声按不同的信噪比（-10dB、-5dB、0dB、5dB、10dB）与用于训练的 30 个纯净语音段落构成 190000 条训练集数据，测试集选取不同于训练集的 5 种噪声，以保证测试的模型能够在不同信噪比和不同噪声环境下的适应能力。实验构造测试集有两类，其一为随机选择 2 段语音，20 种噪声：其中包括 5 种噪声类型和 4 种不同信噪比（2.5dB、7.5dB、12.5dB 和 17.5dB）；其二选择 2 段语音，12 种噪声：其中包括 3 种噪声类型和 4 种不同信噪比（-5dB、0dB、5dB 和 10dB）。

训练的模型选择 TensorFlow 搭建。模型训练时，选择 LeakyRelu 激活函数替换原基线网络实验中的 Relu 函数，因为 LeakyRelu 函数能够改善其网络训练中出现梯度消失的问题以及训练学习停止的问题。LeakyRelu 激活函数为

$$f(x)=\max(\partial x, x) \tag{3.4}$$

式中，$\partial=0.01$。实验中选择 Adam（Adaptive Moment Estimation）函数作为优化算法，对随机抽样的数据训练，主要用于估计梯度的一阶矩和二阶矩以动态调整参数的学习率。同样，Adam 方法能够使得校正偏置后其学习率保持稳定，最终使得参数稳定。其算法公式如下所示：

$$m_t=\mu\times m_{t-1}+(1-\mu)\times g_t \tag{3.5}$$

$$n_t=\nu\times n_{t-1}+(1-\nu)\times g_t^2 \tag{3.6}$$

$$\hat{m}_t=\frac{m_t}{1-\mu^t} \tag{3.7}$$

$$\hat{n}_t = \frac{n_t}{1-\nu^t} \tag{3.8}$$

$$\Delta\theta_t = -\frac{\hat{m}_t}{\sqrt{\hat{n}_t}+\varepsilon}\times\eta \tag{3.9}$$

其中，g_t 为目标函数 $f(\theta)$ 对参数 θ 求导所得梯度，式(3.5)代表对梯度的一阶矩估计，式（3.6）代表对梯度的二阶矩估计，式（3.7）和式（3.8）分别代表对一阶矩和二阶矩估计的修正，式（3.9）是梯度更新规则。μ、ν 是常数，控制指数衰减；m_t、n_t 均为梯度的指数移动均值，由梯度的一阶矩、二阶矩所得；$\hat{m}_t$、$\hat{n}_t$ 是 m_t、n_t 的修正值。实验中设置学习率 η 为 0.0004，衰减率 μ 为 0.9，ν 为 0.99，$\Delta\theta_t$ 是逐元素计算更新，训练批量大小为 16。网络迭代训练过程中选择均方误差（Mean Square Error，MSE）函数，其训练公式为

$$L(\theta) = \frac{1}{M}\sum_{i=1}^{m}\| y_i - f(x_i)\|_2^2 \tag{3.10}$$

其中，$f(x_i)$ 和 y_i 分别为对应的纯净语音的第 i 帧的时域特征和估计特征值，M 是网络训练中的训练次数。为了更好地评估训练的网络模型，通过 6 种客观的语音增强评价指标衡量不同网络的性能。如表 3.2 所示，PESQ 是标准的语音质量评价方法，是由国际电信联盟指定的评估方法；CSIG 用于评价语音信号平均意见得分；CBAK 表示对环境噪声的 MOS 评分估计；COVL 则用于判断评分的整体结果；STOI 用于评价客观可懂度；fwsegSNR 是频率加权分段信噪比。以上 6 种评价指标在整个测试数据集的平均取值作为最终实验得分，其值越大，表示所含噪声和失真越少，噪声抑制能力越强，语音质量和可懂度越高。

表 3.2　评价指标

指标名称	PESQ	CSIG	CBAK	COVL	STOI	fwsegSNR
取值范围	−0.5～4.5	1～5	1～5	1～5	0～1	0～1

3.3.2　结果与分析

1．基线方法对比实验分析

为评估提出的网络模型在复杂噪声环境下的增强性能，设置了两组实验分析 Residual-U-Net 模型。表 3.3 为测试集 1 条件下的带噪语音（即未处理信号）、Wiener（维纳滤波）语音增强算法、基于生成对抗网络（Generative Adversarial Networks，GAN）语音增强算法以及基线 U-Net 的语音增强算法的客观评估结果。实验选用 4 个客观评价指标，分别为 PESQ、CSIG、CBAK 和 COVL，如表 3.3 所示，选择相

同实验环境下的 4 组实验进行对比分析。信噪比设置与训练集不同的 4 种（2.5dB、7.5dB、12.5dB 和 17.5dB）进行测试。选择 768 条测试语音，然后取其各类评价指标对应实验结果的平均值。可以看出，基线 U-Net 语音增强方法优于 SEGAN 方法，能够产生较少的语音失真和更有效去除噪声，提高语音的质量。而提出的 Residual-U-Net 语音增强的平均 PESQ 值达到 3.04，效果明显优于基线 U-Net 方法，其平均分数提高了 2.6%。这表明 Residual-U-Net 语音增强方法可以有效地去除噪声，有效增强语音质量。虽然 CSIG、CBAK、COVL 这三类指标的平均值与基线 U-Net 方法的平均值相比相对有所提高，但是提高的幅度不大。总体可看出，对比其他几种算法，本章提出的 Residual-U-Net 语音增强算法效果更好，可以有效去除噪声，具有更好的听觉质量。

表 3.3　提出的方法与不同参考方法的客观指标评估结果

评价标准	Noisy	Wiener	SEGAN	U-Net	Residual-U-Net
PESQ	1.97	2.22	2.16	2.87	3.04
CSIG	3.35	3.23	3.48	3.46	3.53
CBAK	2.44	2.68	2.94	3.16	3.18
COVL	2.63	2.67	2.80	3.21	3.26

2．不同参考算法对比实验分析

第一组实验验证了提出的网络模型算法比其他几种参考方法增强的效果更好，为进一步证明本章算法在低信噪比条件下的效果优于基线算法，选择测试集 2 进行第二组实验。实验选取 3 种语音质量客观评价指标：PESQ、STOI、fwsegSNR。如表 3.4 所示，在不同信噪比（−5dB、0dB、5dB 和 10dB）范围内，与基线 U-Net 方法相比，提出的 Residual-U-Net 方法的语音增强效果更好，噪声抑制能力有所提高，其中 PESQ 指标相较于基线网络平均提高 2.08%，STOI 指标相较于基线网络提高了 1.04%，fwsegSNR 指标相较于基线网络提高了 0.45dB；从不同信噪比的增强效果分析，在信噪比为−5dB 的噪声环境下，本章算法的 PESQ 指标得分优于基线算法 7.9%，STOI 得分较基线算法提高了 1.2%，fwsegSNR 指标比基线算法增强了 0.51dB。总体评估可得，本章提出的 Residual-U-Net 方法的语音增强效果比基线 U-Net 网络效果好，尤其是在信噪比较低的情况下，与基线算法相比具有更高的语音质量和可懂度。

表 3.4　提出的方法与基线方法的客观指标评估结果

评价标准	信噪比/dB	−5	0	5	10	平均值
PESQ	带噪语音	2.4386	2.6692	2.8729	2.9536	2.7336
	基线 U-Net	2.5170	2.7187	2.9852	3.4289	2.9125
	Residual-U-Net	2.7148	2.9319	3.1653	3.4610	3.0683
STOI	带噪语音	0.5451	0.6342	0.7637	0.8321	0.6938
	基线 U-Net	0.7230	0.7821	0.8073	0.8562	0.7922
	Residual-U-Net	0.7314	0.7814	0.8172	0.8721	0.8005
fwsegSNR	带噪语音	1.7896	3.2239	2.2591	7.9456	4.5546
	基线 U-Net	3.7527	2.9576	8.0879	10.6781	7.1191
	Residual-U-Net	4.2713	6.2074	8.5883	11.2012	7.5671

3.3.3　语谱图比较

语谱图能够直观地反映语音质量的好坏，故分析比较了 Residual-U-Net 与基线 U-Net 这两种算法增强后的语谱图，实验选择测试的带噪语音，设置其信噪比为 0dB，仿真结果如图 3.5 所示。

图 3.5（a）和图 3.5（b）分别给出了一条说话人纯净语音和 0dB 带噪语音（噪声选择 DEMAND 噪声数据集中的一条噪声样本）语谱图；图 3.5（c）和图 3.5（d）分别为基线 U-Net 算法和提出的 Residual-U-Net 算法增强的语谱图。从语谱图可得，这两种算法都可以去除大部分噪声；从图中圆圈部分可知，本章方法相较基线方法可以明显地恢复细节处的语音信息。与图 3.5（a）纯净语音及图 3.5（c）基线增强语音的语谱图相比，图 3.5（d）Residual-U-Net 算法能够有效恢复低频段语音部分，且图 3.5（d）的细节恢复效果优于图 3.5（c）。总体而言，图 3.5（c）与图 3.5（d）算法相比，基线算法对语音段的降噪效果明显，但是对非语音段噪声的去噪效果不够明显。而 Residual-U-Net 算法不仅对语音段去噪效果好，对非语音段去噪同样明显。能够有效恢复低频率段语音，还能恢复高频率段的部分语音成分。

总而言之，本章提出的 Residual-U-Net 语音增强算法和基于 U-Net 的语音增强方法相比，去噪效果更好，恢复语音细节更明显。对比图 3.5（a）中纯净语音语谱图，提出的语音增强算法和基线算法相比，增强之后的语谱图恢复效果更接近纯净语音语谱图，说明提出的语音增强算法效果更好。

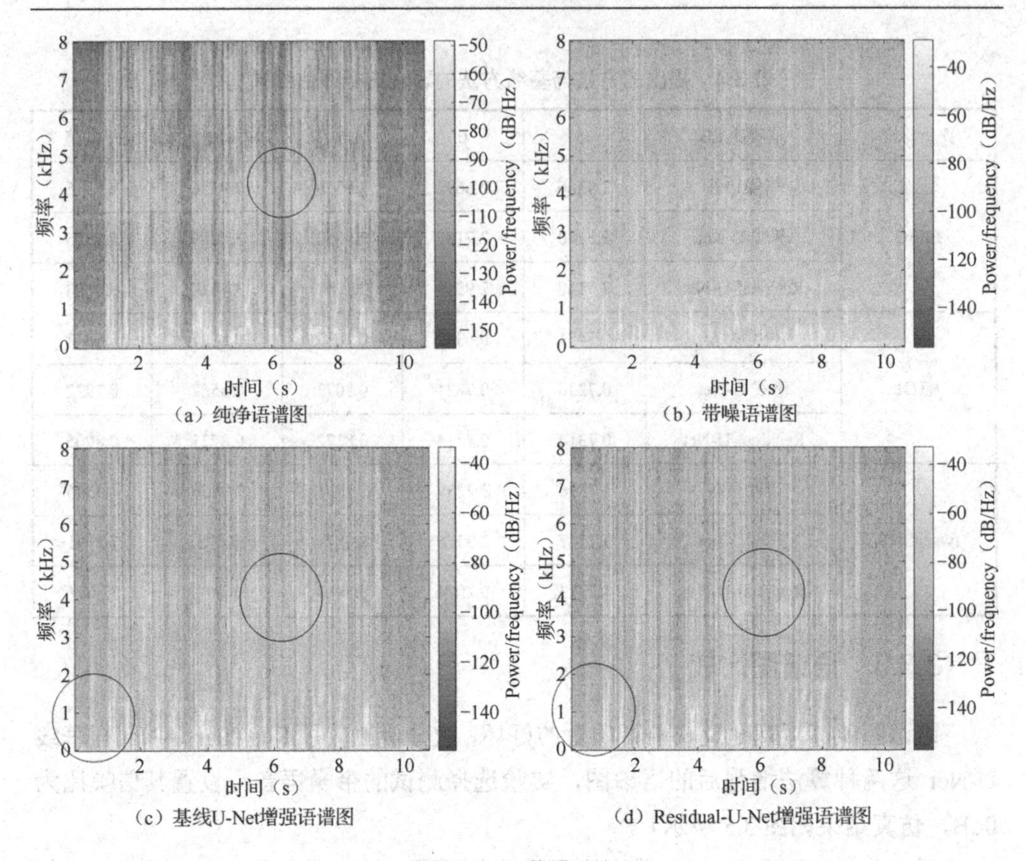

图 3.5　语谱图对比

3.4　本章小结

本章介绍了一种优化的 U-Net 和残差网络相结合的语音增强模型。该模型主要将图像分割中常用的 U-Net 模型应用到语音增强领域，并将残差块结合应用到 U-Net 模型中，构造了一种改进的 Residual-U-Net 语音增强算法，将残差网络中的残差块替换原 U-Net 中的连续双层卷积块，缓解梯度消失的同时构成了一种结构更为简单，参数较少的模型，实现了语音增强。实验表明，在实验相同条件下与多种参考算法对比，本章提出的 Residual-U-Net 算法具有更好的语音质量及可懂度。

参考文献

[1] PARK S R, LEE J. A fully convolutional neural network for speech

enhancement [C]//Conference of the International Speech Communication Association, Stockholm, Sweden, 2017:1465-1468.

[2] PANDEY A, WANG DELIANG. TCNN:Time convolutional neural network for real time speech enhancement in the timedomain[C]//IEEE International Conference on Acoustics, Speech and Signal Processing, 2019:6875-6879.

[3] 林坤，雷印杰. 基于改进 AlexNet 卷积神经网络的手掌静脉识别算法研究[J]. 现代电子技术，2020, 43(07):52-56.

[4] 刘文举，聂帅，梁山，等. 基于深度学习语音分离技术的研究现状与进展[J]. 自动化学报，2016, 42(06):819-833.

[5] XU Y, DU J, DAI L R, et al. An experimental study on speech enhancement based on deep neural network[J]. IEEE Signal Processing Letters, 2014, 21(1):65-68.

[6] 时文华，倪永婧，张雄伟，等. 联合稀疏非负矩阵分解和神经网络的语音增强[J]. 计算机研究与发展，2018, 55(11):2430-2438.

[7] 袁文浩，孙文珠，夏斌，等. 利用深度卷积神经网络提高未知噪声下的语音增强性能[J]. 自动化学报，2018, 44(4):751-759.

[8] LONG J, SHELHAMER E, DARRELL T. Fully convolutional networks for semantic segmentation[C]//Proceedings of the Institute of Electrical and Electronics Engineers conference on computer vision and pattern recognition. 2015: 3431-3440.

[9] Stoller D, Ewert S, Dixon S. Wave-U-Net: a multi-scale neural network for end-to-end audio source separation[C]//Proceedings of the 19th International Society for Music Information Retrieval Conference, 334-340.

[10] CHEN Y H, XIE X L, ZHANG T L, et al. A deep residual compensation extreme learning machine and applications[J]. Journal of Forecasting, 2020, 39(6): 986-999.

[11] HE K, ZHANG X, REN S, et al. Deep residual learning for image recognition [C]//Proceedings of the Institute of Electrical and Electronics Engineers Conference on Computer Vision and Patten Recognition, 2016:770-778.

[12] BOTINHAO C V, WANG X, TAKAKI S, et al. Investigating RNN-based speech enhancement methods for noise robusttext to speech[C]//Conference of the International Speech Communication Association, 2016:146-152.

[13] Thiemann J, Ito N, Vincent E. The diverse environments multi-channel acoustic noise database (DEMAND): a database of multichannel environmental noise recordings[J]. Journal of the Acoustical Society of America, 2013, 19(1):35-91.

第4章　基于差分麦克风阵列的变步长LMS语音增强算法

4.1　引言

现如今人们在语音交流、通信及人机交互的过程中，对目标语音信号的质量需求越来越高，因此基于麦克风阵列的语音增强技术得到了充分的重视和广泛的研究。通常随着麦克风数量的增加，噪声的抑制性能往往能够获得更好的效果。但是在手机、助听器等便携式终端中，大多数基于麦克风阵列的语音增强算法由于麦克风数量、空间以及运算速度等条件的限制不能被直接应用。考虑到算法性能以及可应用性两方面，在便携式终端设备中往往采用双麦阵列。

差分麦克风阵列（Differential Microphone Arrays，DMA）在强混响和噪声环境下往往能得到较高质量的语音信号，因为其具有超强方向性，波束模式频率几乎不变以及体积小的特点，常应用于小型便携式设备中。带噪语音通过差分阵列的处理能够消除一部分噪声，但会存在残留噪声，且残留噪声会随着噪声源与声源的接近而增加。

目前双通道语音增强算法通常采用自适应方法来进行噪声抑制，但是当干扰噪声的方向发生改变时，滤波系数在语音增强的开始过程需要经过短时间的收敛，此过程会导致获得的语音信号中存在大量噪声，从而影响噪声消除的效果。崔玮玮、曹志刚及苏泳涛提出一种结合一阶差分阵列与谱减法的语音增强算法，首先使用静音段与参考噪声估计语音通道信号中的噪声，再进行谱减，信噪比相比于普遍采用的自适应零陷波束形成技术有明显的改善。但由于该算法需要对静音段估计，所以当对测试语音的静音段估计不准确时，会对语音质量造成影响，算法健壮性较低。Djendi M 和 Bendoumia R 提出了一种基于自适应 LMS 的双麦语音增强算法，该算法结合盲源分离结构对自适应滤波器的最佳步长进行有效估计，从而加快了自适应滤波器的收敛速度。该算法无须对静音段估计，在语音清晰度方面与已有的波束形成算法相比，有明显的改善，但是并没有充分利用两个麦克风构成的差分阵列优势。

本章提出的算法首先将双麦阵列接收到的语音信号进行一阶差分阵列处理，获得语音通道信号和噪声通道信号；然后利用两个通道信号对自适应滤波器最佳步长进行估计；最后通过控制频域权系数进行自适应滤波，完成对残留噪声的进一步消除。本章提出的算法既使用了阵列的空域特性来抑制方向性干扰噪声，又结合了传统语音增强技术进一步实现语音增强。本章最后通过仿真实验与其他算法进行比较，对算法性能进行评价。

4.2　双通道信号模型

假设双麦阵列环境为远场模型（$d \ll \lambda$，λ 为波长），即将平面波模型作为阵列波前使用，目标语音信号为端射方向即 0° 方向，干扰噪声为 θ 方向。两个麦克风接收语音的传输模型如图 4.1 所示。

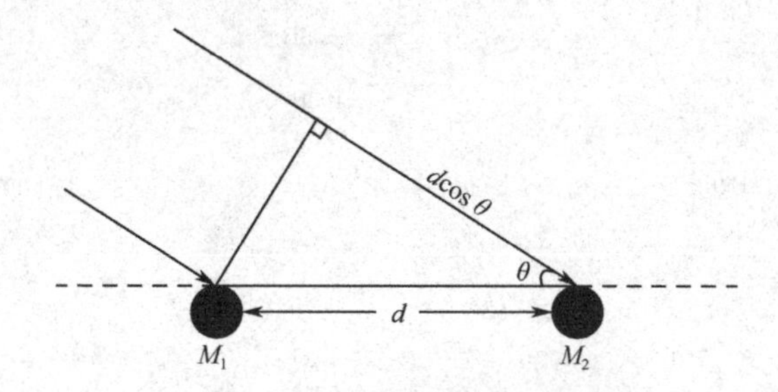

图 4.1　远场双麦模型示意图

将第一个麦克风作为参考，在不考虑声波反射的环境中，两个麦克风接收到的语音信号表示为

$$y_1(t) = x(t) + v(t) \tag{4.1}$$

$$y_2(k) = x(t-\tau_0) + v(t-\tau_0\cos\theta) \tag{4.2}$$

式中，t 为离散时间单位，$x(t)$ 为期望语音信号，$v(t)$ 为噪声信号，d 为两个麦克风之间的间距，$\tau_0 = (d/c)f_s$ 为期望语音信号在端射方向时两麦克风间的时延，f_s 为信号采样频率，c 为声速（c=340m/s）。

将式（4.1）和式（4.2）的语音信号进行加窗分帧预处理，然后经过短时傅里叶变换（STFT）把每一帧的语音信号转换到频域，得到：

$$Y_1(t,k) = X(t,k) + V(t,k) \tag{4.3}$$

$$Y_2(t,k) = \mathrm{e}^{-\mathrm{j}\omega\tau_0}X(t,k) + \mathrm{e}^{-\mathrm{j}\omega\tau_0\cos\theta}V(t,k) \tag{4.4}$$

式（4.3）和式（4.4）中 $X(t,k)$、$Y_1(t,k)$、$Y_2(t,k)$ 和 $V(t,k)$ 分别是时域信号 $x(t)$、$y_1(t)$、$y_2(t)$ 和 $v(t)$ 的 STFT，k 表示帧数，$\mathrm{j}=\sqrt{-1}$ 为虚部单位。在后面为了方便推导将 t 省去。

4.3 算法描述

4.3.1 一阶差分麦克风阵列

为实现初步语音增强，抑制方向性干扰噪声，首先设计两个一阶差分麦克风阵列，对双麦接收到的语音信号进行处理，分别是零点指向为 180° 的前向心形波束和零点指向为 0° 的后向心形波束，波束形成图如 4.2 所示。

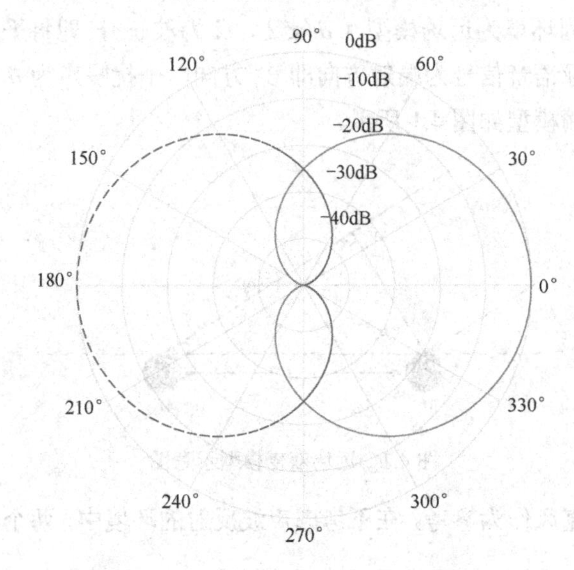

图 4.2 一阶背对背心形波束形成图

信号经一阶差分麦克风阵列处理分别表示为

$$Y_{\mathrm{F}}(k)=H_{\mathrm{F1}}^{*}(k)Y_{1}(k)+H_{\mathrm{F2}}^{*}(k)Y_{2}(k) \tag{4.5}$$

$$Y_{\mathrm{B}}(k)=H_{\mathrm{B1}}^{*}(k)Y_{1}(k)+H_{\mathrm{B2}}^{*}(k)Y_{2}(k) \tag{4.6}$$

式中，H_{F1}^{*} 和 H_{F2}^{*} 为前向差分的滤波器系数，H_{B1}^{*} 和 H_{B2}^{*} 为后向差分的滤波器系数（*为复共轭）。具体的设计方法可以由文献[7]得到：

$$\begin{cases} H_{\mathrm{F1}}^{*}=\dfrac{1}{1-\mathrm{e}^{-\mathrm{j}2\omega\tau_0}} \\ H_{\mathrm{F2}}^{*}=\dfrac{-\mathrm{e}^{-\mathrm{j}\omega\tau_0}}{1-\mathrm{e}^{-\mathrm{j}2\omega\tau_0}} \end{cases} \quad \begin{cases} H_{\mathrm{B1}}^{*}=\dfrac{-\mathrm{e}^{-\mathrm{j}2\omega\tau_0}}{1-\mathrm{e}^{-\mathrm{j}2\omega\tau_0}} \\ H_{\mathrm{B2}}^{*}=\dfrac{\mathrm{e}^{-\mathrm{j}\omega\tau_0}}{1-\mathrm{e}^{-\mathrm{j}2\omega\tau_0}} \end{cases} \tag{4.7}$$

将式（4.3）、式（4.4）和式（4.7）分别代入式（4.5）和式（4.6）可得：

$$Y_{\mathrm{F}}(k)=X(k)+\frac{1-\mathrm{e}^{-\mathrm{j}\omega\tau_0(1+\cos\theta)}}{1-\mathrm{e}^{-\mathrm{j}2\omega\tau_0}}V(k) \tag{4.8}$$

$$Y_{\mathrm{B}}(k)=\frac{\mathrm{e}^{-\mathrm{j}\omega\tau_0}}{1-\mathrm{e}^{-\mathrm{j}2\omega\tau_0}}(\mathrm{e}^{-\mathrm{j}\omega\tau_0\cos\theta}-\mathrm{e}^{-\mathrm{j}\omega\tau_0})V(k) \tag{4.9}$$

由式（4.8）和式（4.9）可知，$Y_{\mathrm{F}}(k)$ 通道中同时具有通过阵列波束增强的语音项和残留的噪声项，将 $Y_{\mathrm{F}}(k)$ 称为语音通道信号，$Y_{\mathrm{B}}(k)$ 通道中只具有噪声项，将 $Y_{\mathrm{B}}(k)$ 称为噪声通道信号。所以可以通过频域自适应滤波，利用噪声通道 $Y_{\mathrm{B}}(k)$ 的语音信号作为参考信号来抵消 $Y_{\mathrm{F}}(k)$ 通道的残留噪声。算法整体的系统框图如图 4.3 所示。

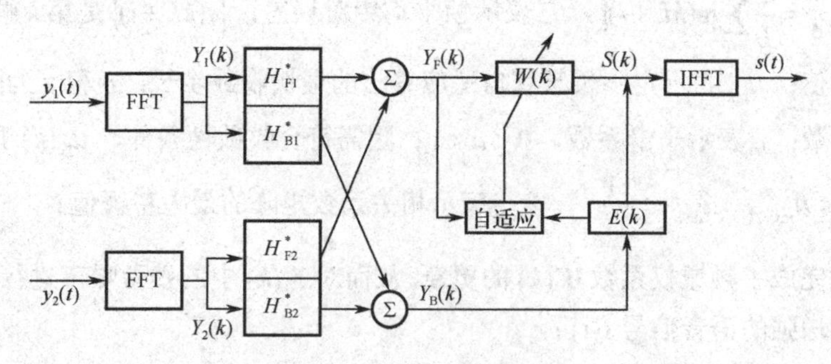

图 4.3　算法整体的系统框图

4.3.2　变步长频域 LMS 算法

本节首先将语音通道 $Y_{\mathrm{F}}(k)$ 和噪声通道 $Y_{\mathrm{B}}(k)$ 分别作为期望信号和误差信号与变步长 LMS 算法相结合，接着利用两通道信号对滤波器的最佳步长进行估计，使用估计的最佳步长对自适应滤波器的权系数进行控制，通过不断迭代更新各频率分量的权值，干扰信号的频谱会随着迭代次数的递增而持续抵消，从而达到进一步抑制 $Y_{\mathrm{F}}(k)$ 中残留噪声的效果。这就是利用 DMA 阵列和变步长频域 LMS 算法实现的双通道语音增强方法，我们将其称为 FDM-VSS 算法。定义频域权系数向量 $\boldsymbol{W}(k)$ 为

$$\boldsymbol{W}(k)=\mathrm{DFT}[w^{\mathrm{T}}(k),\underbrace{0,\cdots,0}_{L个0}]^{\mathrm{T}}=[W_0(k),W_1(k),\cdots W_{2L-1}(k)]^{\mathrm{T}} \tag{4.10}$$

式中，L 表示帧长。

自适应滤波器的频域权系数向量更新公式为

$$\boldsymbol{W}(k+1)=\boldsymbol{W}(k)+2\frac{\mu_B(k+1)}{L}\mathrm{FFT}[\boldsymbol{\Phi}(k)] \tag{4.11}$$

其中 μ_B 表示变步长因子。

$$\boldsymbol{\Phi}(k)=\boldsymbol{G}\times\mathrm{IFFT}[\boldsymbol{Y}_{\mathrm{F}}(k)^{*}\boldsymbol{Y}_{\mathrm{B}}(k)] \tag{4.12}$$

式中，$\boldsymbol{G}=\begin{bmatrix}\boldsymbol{I}_L & \boldsymbol{O}_L \\ \boldsymbol{O}_L & \boldsymbol{O}_L\end{bmatrix}$，$\boldsymbol{O}_L$ 为 L 阶的零矩阵，$\boldsymbol{I}_L$ 为 L 阶的单位矩阵。

在每一帧结束计算时变步长因子 $\mu_{\rm B}$ 会进行迭代更新，迭代表达式为

$$\mu_{\rm B}(k+1)=a\mu_{\rm B}(k)+(1-a)f(k) \tag{4.13}$$

式中 $f(k)$ 表示为

$$f(k)=\mu_{\rm opt}(1-\exp(-be_{{\rm av},k}^{\gamma})) \tag{4.14}$$

式中，$e_{{\rm av},k}=\dfrac{1}{L}\sum\limits_{i=0}^{L-1}|e(kL+i)|$，它表示帧平均绝对误差，$|e(kL+i)|$ 是第 k 帧的第 i 个误差信号值；$\mu_{\rm opt}$ 表示定步长频域自适应算法的最快收敛步长；b 和 γ 为限制 $f(k)$ 形状的参数；a 表示平滑系数，$0<a<1$；因需符合收敛性条件，$\mu_{\rm B}(k)$ 具有阈值，即 $\mu_{\rm B}(k)\leqslant\mu_{\max}$，$\mu_{\max}\leqslant\dfrac{1}{\lambda_{\max}}$，$\lambda_{\max}$ 表示相关系数矩阵的最大特征值。

至此完成了频域权系数 $\boldsymbol{W}(k)$ 的更新。从而对 $Y_{\rm F}(k)$ 中的残留噪声进行进一步消除，得到增强的语音信号 $s(t)$：

$$s(t)=\boldsymbol{K}\times{\rm IFFT}[Y_{\rm F}(k)\times\boldsymbol{W}(k)] \tag{4.15}$$

式中，$\boldsymbol{K}=[\boldsymbol{O}_L \quad \boldsymbol{I}_L]$。

4.4 实验设置与分析

本节通过 MATLAB 仿真实验验证本章提出的 DMA-VSS 算法的有效性，与多带谱减法（Multi-Band Spectral Subtraction，MBSS）、一阶差分麦克风阵列算法及文献[6]提出的 VSS-FB 算法进行比较，其中单通道 MBSS 算法的语音增强是针对语音通道信号的处理结果分析其性能差异。仿真实验中，麦克风阵列由两个相距为 d=0.02m 的全指向性麦克风组成，两个麦克风接收的信号按照 4.2 节中给出的双麦模型生成（暂不考虑混响以及反射因素）。目标声源位于阵列的 0° 方向，干扰噪声采集自 NOISEX-92 噪声集中的 White 噪声、F16 机舱噪声以及 Babble 噪声。两个麦克风的间距为 0.02m，信号采样频率为 16kHz，并使用加窗分帧（窗函数采用汉明窗）方式进行预处理，帧长 256，帧移 128。最后采用重叠相加的方法将语音增强信号从频域变换到时域。实验使用来自文献[9]的一段纯净语音，内容为数字 1～5。图 4.4 给出了噪声来源位于 120° 方向、信噪比为 0dB 时，纯净语音、White 噪声、F16 机舱噪声、Babble 噪声以及麦克风接收到的带噪语音的时域波形。

下面对多带谱减法、一阶差分麦克风阵列、VSS-FB 以及本章提出的 DMA-VSS 进行比较。图 4.5 表示当干扰噪声为 Babble 噪声、干扰方向为 120°、信噪比为 0dB 时，不同算法的语音增强结果时域波形。

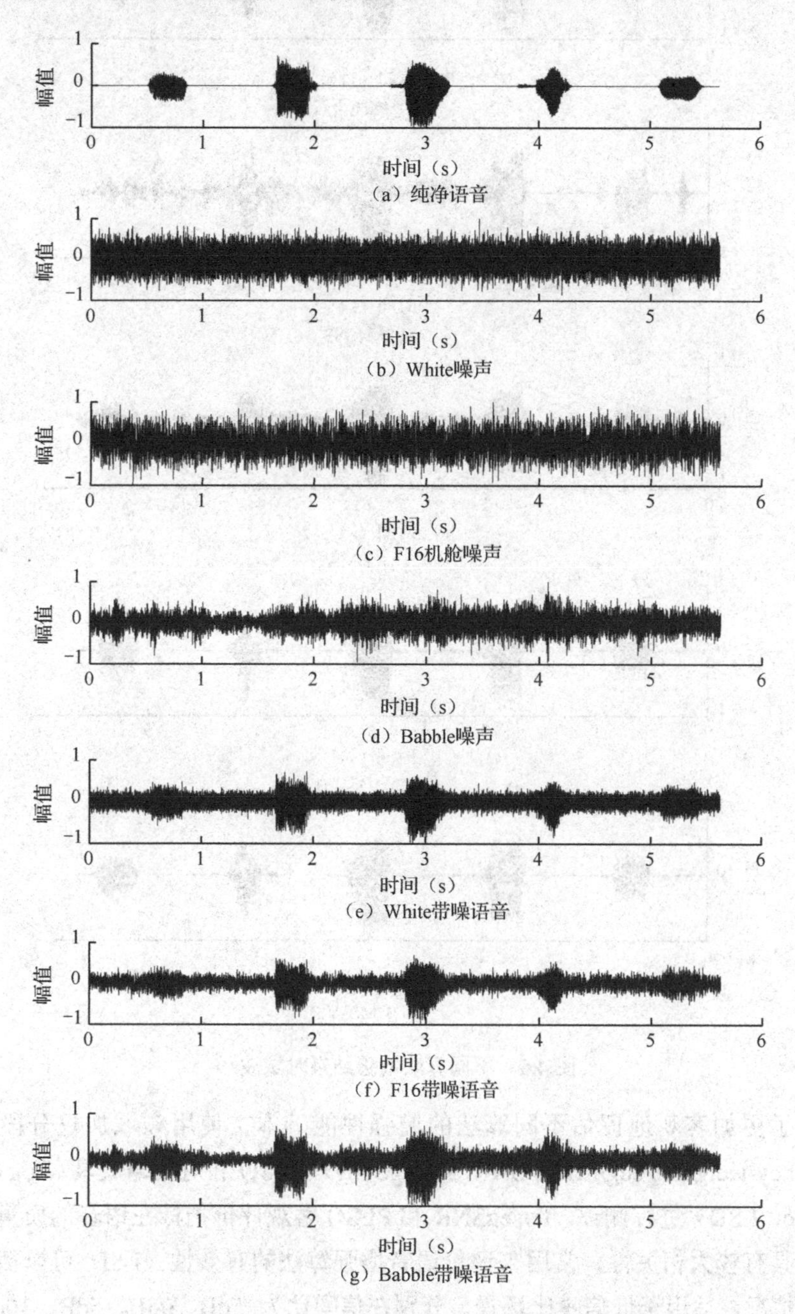

图 4.4　纯净语音、Babble 噪声及带噪语音时域波形

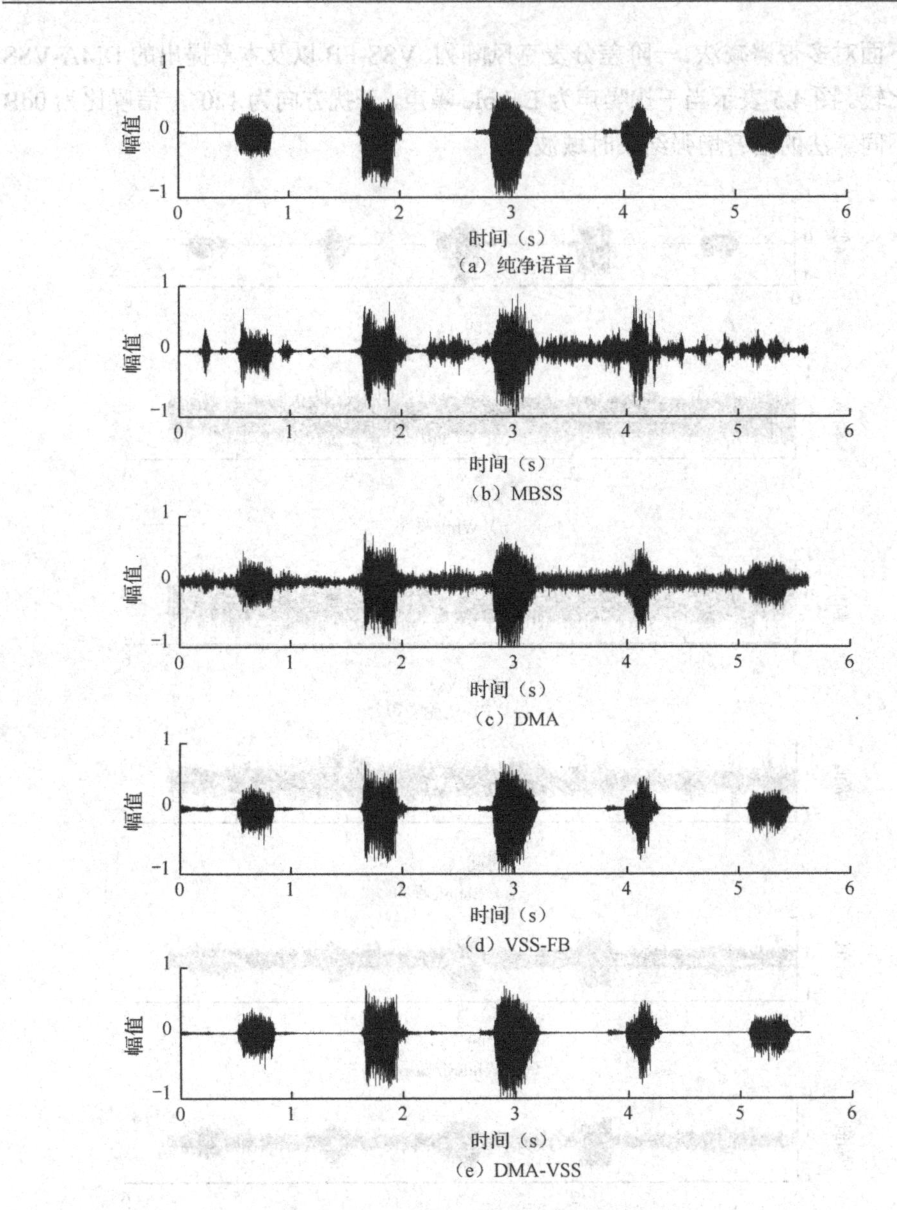

图 4.5　不同算法增强结果时域波形

为了更加客观地评估不同算法的增强性能，本文使用频域加权分段信噪比（frequency-weighted segmental SNR，fwsegSNR）、PESQ 和对数谱失真（Log Spectral Distance，LSD）进行测评。fwsegSNR 和 PESQ 客观评价指标在语音的质量和损耗程度上具有较大相关性，常用来评价语音增强算法的有效性。LSD 可以衡量语音的失真情况，适用于低信噪比场景。分别在信噪比为-5dB、0dB、5dB、10dB 的情况下进行加噪。同一组信噪比条件下，分别使用 DMA 算法、VSS-FB 算法和本文提出的 DMA-VSS 算法进行处理。

（1）fwsegSNR 是一种语音质量的评价指标，常用来衡量语音增强算法的优劣，fwsegSNR 的值越大，表示语音的质量越好。表达式定义为

$$\text{fwsegSNR}=\frac{10}{M}\times\sum_{m=0}^{M-1}\frac{\sum_{j=1}^{K}W(j,m)\lg\dfrac{\left|X(j,m)\right|^2}{\left(\left|X(j,m)\right|-\left|\hat{X}(j,m)\right|\right)^2}}{\sum_{j=1}^{K}W(j,m)} \tag{4.16}$$

式中，$W(j,m)$ 是第 j 处频带的权重，K 表示频带的数目，M 表示信号分帧后的帧数；$\left|X(j,m)\right|$ 表示帧数为 m 频带为 j 的纯净语音信号滤波带幅度，$\left|\hat{X}(j,m)\right|$ 表示帧数为 m 频带为 j 的增强语音信号滤波带幅度。加权函数为纯净语音信号每个频带的幅度谱函数，表达式如下：

$$W(j,m)=\left|X(j,m)\right|^{\gamma} \tag{4.17}$$

其中 γ 表示幂指数。

（2）PESQ 得分介于 1～4.5 之间，当 PESQ 等于 1 时，说明语音质量非常差；当 PESQ 等于 4.5 时，说明此时语音没有产生任何失真，分值越高表示语音质量越好，定义为：

$$\text{PESQ}=a_0-a_1D_{\text{ind}}-a_2A_{\text{ind}} \tag{4.18}$$

式中，a_0=4.5，a_1=0.1，a_2=0.0309；D_{ind} 和 A_{ind} 表示回归分析中的自变量。

（3）LSD 表示两个频谱之间的距离度量（dB），是参考的谱与估计的谱之间的比值，往往用来分析语音失真情况。LSD 的值越小，说明增强后输出信号与纯净语音信号区别越小，算法的性能也越好，定义为

$$\text{LSD}=\frac{1}{T}\sum_{t=0}^{T-1}\left\{\frac{1}{L/2+1}\sum_{k=0}^{L/2}\left[10\lg\frac{\varsigma_Z(X_t(k))}{\varsigma_Z(\hat{X}_t(k))}\right]^2\right\}^{1/2} \tag{4.19}$$

其中 ς_Z 的作用是将 LSD 限制在 50dB 内，防止产生无效值，表达式如下所示：

$$\varsigma_Z(Z_t(k))=\max[\left|Z_t(k)\right|^2,10^{-50/10}\max_{t,k}(\left|Z_t(k)\right|^2)] \tag{4.20}$$

针对 3 种噪声和不同信噪比情况，列出经 3 种算法语音增强后语音信号的 fwsegSNR、PESQ 以及 LSD 得分如表 4.1～表 4.6 所示。

表 4.1　120° fwsegSNR 比较

SNR（dB）	White 噪声			F16 机舱噪声			Babble 噪声		
	DMA（dB）	VSS-FB（dB）	DMA-VSS（dB）	DMA（dB）	VSS-FB（dB）	DMA-VSS（dB）	DMA（dB）	VSS-FB（dB）	DMA-VSS（dB）
−5	4.44	9.21	10.71	4.72	8.85	10.49	5.70	8.74	10.04

续表

SNR (dB)	White 噪声			F16 机舱噪声			Babble 噪声		
	DMA (dB)	VSS-FB (dB)	DMA-VSS (dB)	DMA (dB)	VSS-FB (dB)	DMA-VSS (dB)	DMA (dB)	VSS-FB (dB)	DMA-VSS (dB)
0	7.62	10.47	12.65	7.87	10.28	12.41	8.52	9.75	11.92
5	11.17	13.13	14.65	11.29	12.90	14.38	11.57	12.43	13.74
10	14.54	14.48	16.70	14.66	14.33	16.49	15.26	14.19	15.91
Ave	9.45	11.82	13.68	9.64	11.59	13.44	10.26	11.28	12.90

表 4.2　90° fwsegSNR 比较

SNR (dB)	White 噪声			F16 机舱噪声			Babble 噪声		
	DMA (dB)	VSS-FB (dB)	DMA-VSS (dB)	DMA (dB)	VSS-FB (dB)	DMA-VSS (dB)	DMA (dB)	VSS-FB (dB)	DMA-VSS (dB)
−5	3.26	7.60	8.70	3.38	7.57	8.61	3.52	7.43	8.52
0	4.91	9.28	10.85	4.94	9.17	10.68	5.26	8.92	10.48
5	7.49	11.82	13.88	7.79	11.65	13.53	7.87	11.30	12.43
10	11.27	12.80	15.07	11.47	12.61	14.90	11.91	12.22	14.61
Ave	6.73	10.38	12.13	6.90	10.25	11.93	7.14	9.97	11.51

表 4.3　120° PESQ 得分

SNR (dB)	White 噪声			F16 机舱噪声			Babble 噪声		
	DMA	VSS-FB	DMA-VSS	DMA	VSS-FB	DMA-VSS	DMA	VSS-FB	DMA-VSS
−5	1.05	1.65	2.06	1.09	1.58	1.99	1.16	1.46	1.85
0	1.20	2.19	2.64	1.24	2.07	2.51	1.34	1.83	2.24
5	1.67	2.51	2.86	1.69	2.39	2.78	1.73	2.18	2.63
10	2.18	2.87	3.14	2.20	2.76	3.07	2.29	2.57	2.95
Ave	1.53	2.31	2.68	1.56	2.20	2.59	1.63	2.01	2.42

表 4.4　90° PESQ 得分

SNR (dB)	White 噪声			F16 机舱噪声			Babble 噪声		
	DMA	VSS-FB	DMA-VSS	DMA	VSS-FB	DMA-VSS	DMA	VSS-FB	DMA-VSS
−5	1.01	1.45	1.83	1.03	1.39	1.73	1.07	1.27	1.54
0	1.05	1.93	2.24	1.06	1.61	2.09	1.13	1.58	1.85
5	1.26	2.01	2.33	1.31	1.96	2.28	1.32	1.88	2.23
10	1.65	2.34	2.78	1.68	2.31	2.75	1.74	2.19	2.69
Ave	1.24	1.93	2.30	1.27	1.82	2.21	1.32	1.73	2.08

表 4.5　120° LSD 比较

SNR (dB)	White 噪声			F16 机舱噪声			Babble 噪声		
	DMA (dB)	VSS-FB (dB)	DMA-VSS (dB)	DMA (dB)	VSS-FB (dB)	DMA-VSS (dB)	DMA (dB)	VSS-FB (dB)	DMA-VSS (dB)
−5	7.66	5.69	5.07	7.47	5.57	5.05	7.15	6.13	5.36
0	6.97	4.90	4.24	6.84	4.98	4.49	6.49	5.37	4.85
5	5.65	4.48	3.75	5.62	4.65	4.04	5.54	4.92	4.27
10	4.92	3.72	2.38	4.85	4.06	2.71	4.79	4.38	2.98
Ave	6.30	4.69	3.86	6.20	4.82	4.07	5.99	5.20	4.37

表 4.6　90° LSD 比较

SNR (dB)	White 噪声			F16 机舱噪声			Babble 噪声		
	DMA (dB)	VSS-FB (dB)	DMA-VSS (dB)	DMA (dB)	VSS-FB (dB)	DMA-VSS (dB)	DMA (dB)	VSS-FB (dB)	DMA-VSS (dB)
−5	8.14	6.16	5.38	7.75	6.33	5.54	7.56	6.73	5.93
0	7.66	5.24	4.85	7.41	5.78	5.03	7.28	5.84	5.35
5	6.76	5.13	4.74	6.59	5.20	4.81	6.55	5.31	4.86
10	5.69	4.72	2.95	5.64	4.76	3.02	5.53	4.91	3.15
Ave	7.06	5.67	4.48	6.85	5.52	4.60	6.73	5.69	4.82

从表 4.1～表 4.6 可以看出，当干扰信号和目标信号接近时，所有算法的性能都会有所下降。当噪声来源方向为 90° 时，本章提出的 DMA-VSS 算法相对于 DMA 算法，fwsegSNR 平均有 4.9dB 的改善，PESQ 平均有 0.92 分的提高，LSD 平均有 2.3dB 的提升；当噪声来源方向为 120° 时，fwsegSNR 平均有 3.6dB 的改善，PESQ 平均有 0.99 分的提高，LSD 平均有 2.1dB 的提升。本章提出的 DMA-VSS 算法相比于 VSS-FB 算法，在噪声来源方向分别为 90° 和 120° 时，fwsegSNR 平均有 1.7dB 和 1.8dB 的性能增益，PESQ 平均有 0.37 分和 0.39 分的提高，LSD 平均有 1.0dB 和 0.8dB 的改善。这说明本章提出的 DMA-VSS 算法能够进一步消除 DMA 算法处理后的残留噪声，并且语音增强效果及语音质量均优于 VSS-FB 算法。

为进一步分析算法的性能，对比了 3 种算法处理后的增强语音信号语谱图，如图 4.6 所示，其中图 4.6（a）为干扰噪声为 Babble 噪声、干扰方向为 120°、信噪比为 0dB 时的带噪语音信号，它分别由 DMA、VSS-FB 及本章提出的 DMA-VSS 算法进行处理，分别得到图 4.6（b）、图 4.6（c）及图 4.6（d）所示增强后的语谱图，其中图 4.6（e）为纯净语音信号语谱图。

比较增强语音信号的语谱图可观察到：在语音开始阶段，如图 4.6 所示左侧第一个标识处，经 DMA、VSS-FB 及本章提出的 DMA-VSS 算法处理后的语谱图变得清晰，频谱质量逐步提高。相比于 DMA 算法，本章提出的算法能较大程度地去除语音通道中的残留噪声。此外，如图 4.6 中右侧的标识位置，还可以看出 DMA-VSS 算法可以保留更多的弱语音成分，去除更多的背景噪声，更好地改善语音的质量。

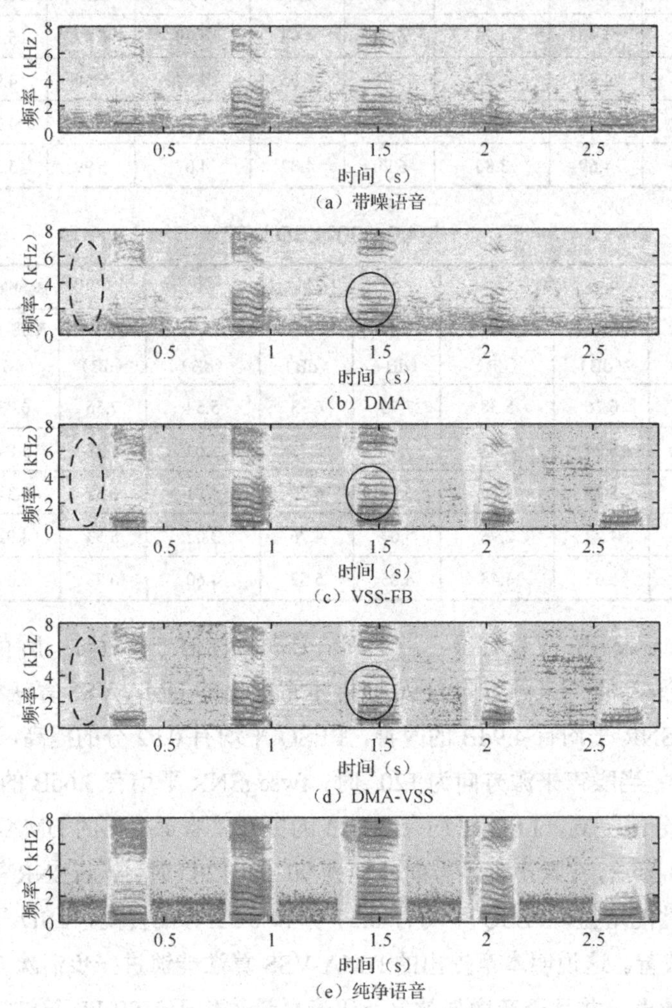

图 4.6 增强后的语谱图

4.5 本章小结

本章节提出了一种将差分阵列与变步长 LMS 相结合的双麦语音增强算法，既使用了阵列的空域特性来抑制方向性干扰噪声，又结合了自适应滤波技术进一步实现语音增强。该算法首先设计了两个一阶心形差分阵列，零点分别位于 180° 和 0°，两个麦克风采集的带噪语音信号经过阵列处理后，得到语音通道信号和噪声通道信号。然后将语音通道和噪声通道分别作为期望信号和参考信号，利用两通道信号估计自适应滤波器的最佳步长，对语音通道中残留噪声进行消除。最后节使用 fwsegSNR、PESQ 和 LSD 对提出的算法与对比算法进行性能评估。客观评价指标及不同算法处理的语谱图都显示本章提出的算法能够有效地抑制方向性噪声，相比于其他算法能够获得更高质量的语音信号。通过实验仿真和算法分析，本章提出的算法对方向性噪声能起到有效抑制，并且复杂度低，因此容易应用于小型语音处理设备的实时处理。

参考文献

[1] 陈又圣，陈艳. 电子耳蜗前端双麦克风语音增强及波束形成算法研究[J]. 生物医学工程学杂志，2019, 36(3): 468-477.

[2] 杨立春，叶敏超，钱沄涛. 基于多任务稀疏表达的二元麦克风小阵列话音增强算法[J]. 通信学报，2014, 35(02): 87-94.

[3] Pan C, Chen J, Benesty J, et al. On the design of target beampatterns for differential microphone arrays[J]. IEEE/ACM Transactions on Audio, Speech, and Language Processing, 2019, 27(8): 1295-1307.

[4] Huang G, Chen J, Benesty J. Design of planar differential microphone arrays with fractional orders[J]. IEEE/ACM Transactions on Audio, Speech, and Language Processing, 2019, 28: 116-130.

[5] 崔玮玮，曹志刚，苏泳涛. 基于 FDM 阵列技术的双通道语音增强方法[J]. 清华大学学报（自然科学版），2008, 48(7): 1135-1139.

[6] Bendoumia R, Djendi M. Two channel variable step size forward and backward adaptive algorithms for acoustic noise reduction and speech enhancement[J]. Signal processing, 2015, 108: 226-244.

[7] Huang G, Benesty J, Cohen I, et al. A simple theory and new method of differential beamforming with uniform linear microphone arrays[J]. IEEE/ACM Transactions on Audio, Speech, and Language Processing, 2020, 28: 1079-1093.

[8] Kamath S, Loizou P. A multi-band spectral subtraction method for enhancing speech corrupted by colored noise[C]//2002 IEEE International Conference on Acoustics,

Speech, and Signal Processing, 2002, 4: 4164-4164.

[9] 宋知用. MATLAB 在语音信号分析与合成中的应用[M]. 北京：北京航空航天大学出版社，2013: 159-161.

[10] Loizou P C. Speech enhancement: theory and practice[M]. CRC press, 2013.

[11] Gray A, Markel J. Distance measures for speech processing[J]. IEEE Transactions on Acoustics, Speech, and Signal Processing, 1976, 24(5): 380-391.

[12] Hu Y, Loizou P C. Evaluation of objective quality measures for speech enhancement[J]. IEEE Transactions on Audio, Speech, and Language Processing, 2007, 16(1): 229-238.

第5章　语音频带扩展研究综述

5.1　引言

由于公共交换电话网络的信道带宽和成本的限制，以及语音采集设备、编码方式等诸多原因，语音在通信中的带宽大多分布在300～3400Hz。该频段语音虽能保持正常通话的基本需求，但是缺失了语音的高频部分，使得语音表现低沉，缺乏自然度和可懂度，严重影响了听觉感受，因此对语音进行频带扩展并恢复语音原本音质显得尤为重要。

语音频带扩展（BandWidth Extension，BWE）可以分为非盲式和盲式频带扩展。非盲式频带扩展算法中，信道编码端不仅要接收低频语音信息，同时还需要接收高频谱包络相关参数；信道解码端则根据传输的低频信息和高频信息来恢复出宽带语音，这种方法由于使用了源音频的高频信息，虽然能取得较好的效果，但是信道带宽和成本问题并没有得到根本上的解决；而盲式频带扩展算法在不改变原有信道的情况下，信道解码端仅仅使用窄带语音信息来修复缺失的高频语音，因此盲式频带扩展算法得到了大力的研究和发展。语音频带扩展技术早在20世纪30年代就被提出，由于当时对语音声学特征的认知和数字信号处理技术不足，扩展后的效果一直差强人意。直到文献[2]提出了基于语音产生机理的源-滤波器模型，将宽带语音生成任务简化分为激励信号生成和用于描述声道模型的谱包络估计。前者通过映射算法估计出宽带激励信号，依次出现了非线性失真、频谱变换以及函数发生器等算法；后者通过构建声道模型恢复宽带谱包络，根据算法的历史迭代，有码本映射、线性映射和统计模型等算法。随着近几年深度学习的兴起，基于端到端神经网络的语音频带扩展成为主流，越来越多先进的神经网络模型被运用到了语音频带扩展领域，重构的宽带语音质量得到了大幅提升。

5.2　源-滤波器模型

语音的发音过程首先由人体肺部产生气流，经气管进入喉咙，在不发音时，声门是闭合的。因此气流会在声门内形成气压，当气压超过一定帕斯卡时，冲开声门，引起声带的震颤，而后声门内气压减少，声带由于自身韧性的牵扯，声门会迅速闭合。如此反复，使得声门向上送出一系列脉冲激励气流。气流通过声门后依次经过咽喉、口腔、舌头、牙齿、颚和嘴唇，其中有一小部分气流还会通过鼻腔，发出鼻音。从声门到嘴唇的所有发声器官统称为声道，声道各器官在大脑的控制下变换形状相互协调，气流通过不同形状的声道，从而发出不同类型的声波形成语音。因此可以将声道理解为不规则截面积随时间变化的声管，这部分可以用滤波器来模拟。

根据人体发声机理，文献[2]提出了源-滤波器模型结构，如图 5.1 所示，虚线左边为源部分，虚线右边为滤波器部分。将声门脉冲激励、声道和口唇辐射数学模型化，用三个数字滤波器来模拟语音的产生过程。

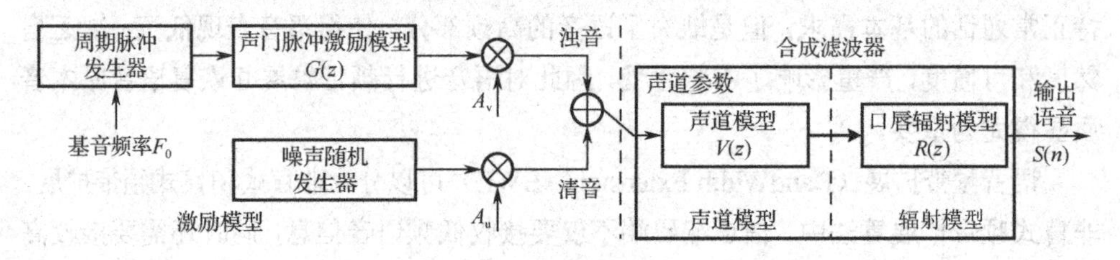

图 5.1　源-滤波器模型结构

人在发声时，通过浊音激励信号产生浊音，通过清音激励信号产生清音。根据声带开启和闭合时产生脉冲激励的特性，声门脉冲激励模型定义为

$$G(z)=\frac{1}{(1-\mathrm{e}^{-CT}z^{-1})^2} \tag{5.1}$$

式中，C 为常系数，e^{-CT} 接近于 1。通过图 5.1 可知，A_v 和 A_u 分别为调节浊音和清音能量的增益因子，激励的类型由一个开关决定，但在实际语音中，往往并不仅仅只有清音或浊音，也不是清音和浊音单纯的叠加，真实语音声学结构往往以更加复杂的形式存在。因此对于基于源-滤波器的宽带语音合成，准确地生成高频激励信号是极其重要的一步。

最常用的声道模型是采用级联型共振峰模型，将声道简化为多个不规则截面积管道串联的系统。可用全极点数学模型表示其传递函数为

$$V(z)=\frac{A}{1-\sum_{k=1}^{N}a_k z^{-k}} \tag{5.2}$$

式中，A 为幅值因子，a_k 为常系数，N 为极点个数，也可以理解为级联模型的声管数。在语音频带扩展中，声道模型的搭建效果会直接影响到高频谱包络的恢复，而且高频谱包络的重建与激励信号生成相比更加困难，也更加重要。

生成的宽带语音还需要经过口唇辐射模型，辐射模型对语音高频部分影响较大，低频部分影响较小，因此可使用高通滤波器表示辐射模型：

$$R(z)=R_0(1-z^{-1}) \tag{5.3}$$

声音依次通过激励模型、声道模型和辐射模型生成，因此可以将式（5.1）、式（5.2）和式（5.3）串联起来表示一个完整的发音过程，用式（5.4）表示：

$$X(z)=G(z)V(z)R(z) \tag{5.4}$$

由上可知，生成高质量的宽带语音，关键点在于设计出更加符合人体发音环境的激励模型和声道模型，基于源-滤波器的语音频带扩展将激励估计和声道模型分成了源路径和滤波器路径，如图 5.2 所示。首先在源路径中，提取窄带语音的窄带激励信号 $e_{\mathrm{nb}}(n)$，由窄带激励信号估计宽带激励信号 $\hat{e}_{\mathrm{wb}}(n)$；然后在滤波器路径中，通过提取窄带语音的窄带频谱包络 $a_{\mathrm{nb}}(n)$ 用来估计宽带谱包络 $\hat{a}_{\mathrm{wb}}(n)$；接下来由 $\hat{e}_{\mathrm{wb}}(n)$ 和 $\hat{a}_{\mathrm{wb}}(n)$ 通过估计的声道函数，合成估计的宽带语音 $\hat{s}_{\mathrm{bs}}(n)$，使用带阻互补滤波器来滤除多余的频率分量；最后将源窄带语音和估计的高频语音相加，得到更高质量的宽带语音 $\hat{s}_{\mathrm{ws}}(n)$。

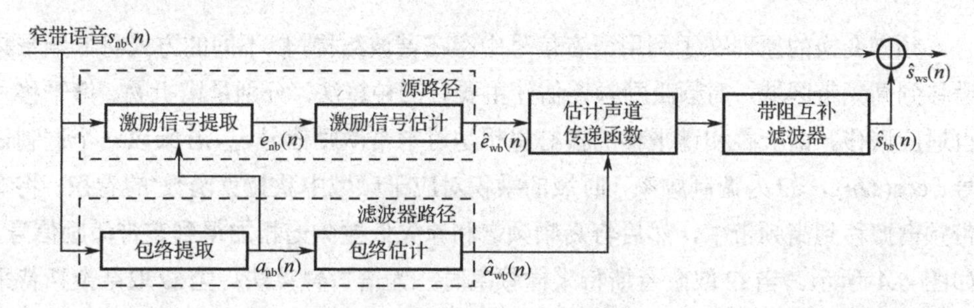

图 5.2　基于源-滤波器模型的语音频带扩展

基于源-滤波器的频带扩展算法将语音频带扩展任务简化为了高频谱包络估计和激励信号生成，下面将分别阐述这两种任务中算法的更新迭代过程以及优缺点。

5.2.1　宽带激励信号生成

激励信号生成最常用的方法包括非线性失真、频谱变换和函数发生器等。

1. 非线性失真

非线性失真方法是利用非线性函数来表征窄带激励信号 $e_{\mathrm{nb}}(n)$ 和高频激励信号 $e_{\mathrm{wb}}(n)$ 之间的映射关系，提取窄带激励信号 $e_{\mathrm{nb}}(n)$ 的非线性特性，算法流程如图 5.3 所示。

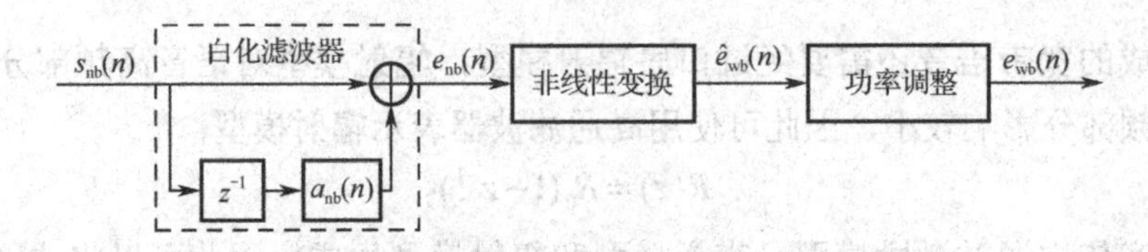

图 5.3 非线性失真提取激励信号算法流程

首先通过线性预测误差滤波器（白化滤波器）去除包络提取窄带激励信号 $e_{nb}(n)$，该白化滤波器依赖窄带信号 $s_{nb}(n)$ 的线性预测系数（Linear Prediction Coefficient，LPC）分析。然后 $e_{nb}(n)$ 通过非线性变换函数估计高频激励信号 $\hat{e}_{wb}(n)$。非线性变换函数的选取取决于从窄带激励提取的非线性特征，常用的非线性特性有：半波整形、全波整形、二次特性、自适应二次特性、正切特性和三次特性等。最后为了保证信号的功率与原始信号的功率一致，还需要对高频激励进行功率调整。

非线性失真算法产生的高频激励结果并不稳定，特别是当语音帧为浊音时，产生的语音信号高频部分类似白噪声。

2．频谱变换

频谱变换的原理在于利用语音信号中存在谐波结构，以不同的方式将低频带频谱移到高频带区域，高频激励频谱估计主要有三种算法，分别是谱折叠、谱平移和自适应谱移。谱折叠和谱平移的核心思想是对窄带激励信号 $e_{nb}(n)$ 乘以一个调制信号 $\xi\cos(\Omega n)$，Ω 为调制频率，时域的乘积对应于频域中狄拉克函数[1]的卷积，将窄带频谱搬移到高频带中，然后将高频频谱和原先低频频谱相加得到宽带激励信号，如图 5.4 所示。当 Ω 取奈奎斯特采样频率时，为谱折叠算法；当 Ω 取奈奎斯特采样频率的一半时，为谱平移算法。

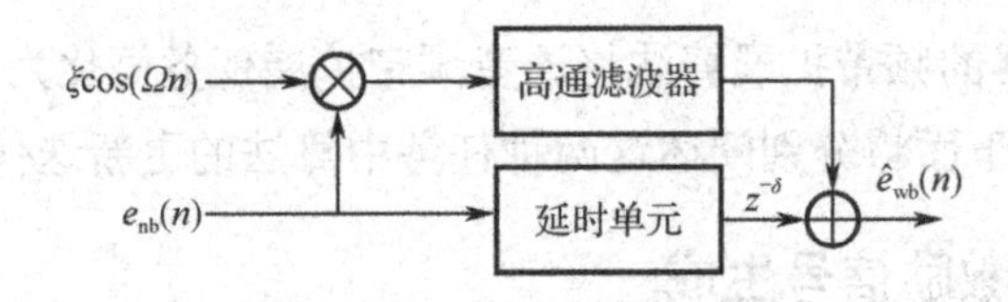

图 5.4 通过调制扩展激励信号

（1）谱折叠算法的高频带为窄带频谱镜像折叠所得，在这种特殊情况下，镜像频谱和窄带频谱带宽相等，因此不需要高通滤波器。然而谱折叠高频部分的谐波结构和低频部分不尽相同，简单的翻折频谱往往会导致语音中间频谱的丢失。

（2）谱平移算法的高频带相当于直接将窄带频谱复制平移到高频所得。此时高

1 狄拉克函数，简称 δ 函数，在除零以外的点都等于零，在整个定义域的积分为 1。

通滤波器的目的是滤除折叠频谱中的低频分量。但是谱平移生成的高频谐波结构与低频不能对齐，相位也不能匹配，会破坏语音的基音结构，导致最终生成的宽带语音含有“响铃”噪声。

为了在频谱过渡区域保持基音结构，文献[19,20]提出了自适应谱移算法，其性能好坏取决于基音检测算法，如果基音检测抖动，依然会造成语音出现噪声，所以通过自适应谱移所能实现的改进性能提升微小。

3. 函数发生器

由前述源-滤波器模型可知，激励信号由清/浊音激励组成，函数发生器算法的核心思想在于分别用正弦生成器来扩展浊音激励信号，用白噪声发生器来扩展清音激励信号，最后加在一起。其优点在于不用担心相位不连续问题，因为函数发生器的参数（振幅、频率）不需要估计每帧语音的基音信息，而是通过估计的宽带谱包络获得，能在参数最大允许变化的范围平滑地改变，防止幅度或基音频率从一帧到另一帧的步进而导致的不平滑。

该算法的性能很大程度上取决于清浊音的判决，正如前面所说的，自然界的语音大部分同时含有浊音和清音，它们之间存在非线性叠加关系，白噪声发生器生成的语音在低频带拥有更低的功率，如果用噪声发生器生成语音低频部分或者用正弦发生器生成高频部分，往往会引入一些人工噪声，导致听觉体验不佳。

5.2.2 宽带谱包络估计

谱包络估计最常用的算法包含码本映射、线性映射和统计模型。

1. 码本映射方法估计宽带谱包络

基于码本映射的宽带谱包络估计是语音频带扩展中最常用的一种算法，算法的核心在于码本的设计，首先分别提取窄带语音和宽带语音的频谱包络信息，然后将频谱包络向量量化，给定一个先验码矢数目，使用LBG（Linde、Buzo、Gray）算法训练频谱包络量化数据，得到两个时间索引一一对应的码本，所有码矢的结合称为“码本”。码本的生成框图如图5.5所示。

在测试阶段对测试窄带语音做相同的谱包络提取和向量量化，聚类窄带谱包络生成码矢，然后将生成的码矢从之前训练好的窄带码本中找到最相似的窄带码矢，最后通过映射关系找到宽带码本中的宽带特征码矢来估计宽带语音频谱包络，使用激励信号通过LPC合成滤波器合成宽带语音。基于码本映射的宽带语音生成算法框图如图5.6所示。

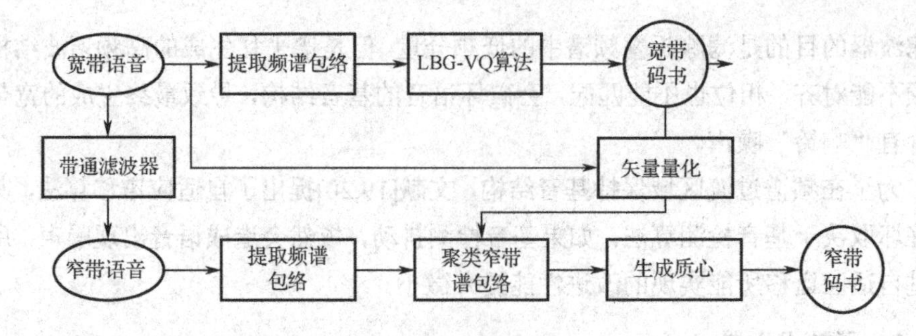

图 5.5　码本生成框图

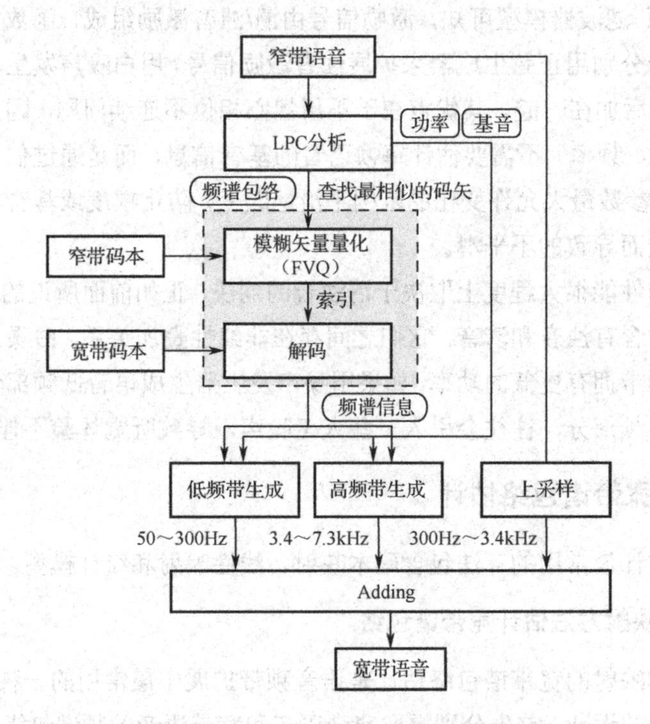

图 5.6　基于码本映射的宽带语音生成算法框图

码本中的一个聚类质心代表的是一类窄带特征，而非一个，因此会出现偏差。而且向量量化是一个有损压缩过程，最终会导致估计的宽带谱包络不够准确，针对此问题，提出了加权码本映射，引入方向权重，加权求和确定最终的窄带类别。或者对码本类别进行更加精确的划分，提高映射的精度。但这两种方法始终没有从根本上解决问题，宽带频谱包络的估计值受码本大小的限制被限制在宽带码本中。而且码本在训练之前未进行清，浊音判决，最终清音的高频信息会影响到浊音的高频信息，使得码矢中所包含的高频谱包络能量偏高，影响语音的自然度。

2. 线性映射方法估计宽带谱包络

基于分段线性映射的语音频带扩展算法使用多个与频谱空间相关的线性变换矩阵，将输入语音的窄带特征向量 $\boldsymbol{x}$ 映射到宽带特征向量 $\boldsymbol{y}$。特征参数向量可以是 LPC、线谱对（Line Spectrum Pair，LSP）、线谱频率（Line Spectrum Frequency，LSF）和梅尔频率倒谱系数（Mel Frequency Cepstrum Coefficient，MFCC）等。通过语音训练数据对线性变换矩阵进行估计，反复迭代训练，以最大限度地减少转换后的频谱与原始频谱之间的均方误差 $\boldsymbol{e}$，得到最优的映射矩阵：

$$\boldsymbol{y} = \boldsymbol{A}^{\mathrm{T}}\boldsymbol{x} + \boldsymbol{e} \tag{5.5}$$

线性映射将窄带特征参数与宽带谱包络参数之间的相关性假定为线性关系，模型易于实现，但是对于实际的语音信号来说，其特征参数分布相当复杂，线性映射算法建模过于简单，很难反映真实的映射关系，造成谱包络估计得到高带谱包络失真较大。

3. 统计模型方法估计宽带谱包络

统计模型基于窄带语音频谱包络和宽带语音频谱包络之间的统计相关性进行建模。语音频带扩展常用的统计模型有高斯混合模型（Gaussian Mixture Model，GMM）和隐马尔科夫模型（Hidden Markov Model，HMM），下面将分别介绍基于 GMM 和 HMM 算法的频带扩展过程。

（1）高斯混合模型估计宽带谱包络

将窄带语音的谱包络特征向量的集合描述为 $\boldsymbol{x} = [x_1, x_2, \cdots, x_n]^{\mathrm{T}}$，源宽带语音的谱包络特征向量的集合描述为 $\boldsymbol{y} = [y_1, y_2, \cdots, y_n]^{\mathrm{T}}$。根据中心极限定理，随机变量如果由大量独立且均匀的随机变量相加而成，那么它的分布将近似于正态分布。文献[6,30~33]提出了用若干个高斯密度函数的线性组合来逼近窄带和宽带频谱包络之间的联合概率分布函数 $p(x, y)$，用 Q 个变量的高斯密度函数对 $\boldsymbol{z} = [x\ y]^{\mathrm{T}}$ 的联合密度函数进行建模，Q 等于 $2n$。

$$\boldsymbol{A} = \frac{\boldsymbol{\alpha}_i}{(2\pi)^n \left|\boldsymbol{C}_i\right|^{1/2}} \tag{5.6}$$

$$p(z|\lambda) = \sum_{i=1}^{Q} \boldsymbol{A} \exp\left[-\frac{1}{2}(z - \boldsymbol{\mu}_i)^{\mathrm{T}} \boldsymbol{C}_i^{-1}(z - \boldsymbol{\mu}_i)\right] \tag{5.7}$$

$$\sum_{i=1}^{Q} \boldsymbol{\alpha}_i = 1, \boldsymbol{\alpha}_i \geqslant 0 \tag{5.8}$$

式中，$\boldsymbol{\alpha}_i$、$\boldsymbol{\mu}_i$ 和 $\boldsymbol{C}_i$ 分别表示第 i 类的先验概率（分量的权重）、均值向量$(2n\times1)$和协方差矩阵 $2n\times2n$。$\{\alpha, \mu, C\}$ 是模型的参数 λ，通过 EM 算法使得估计的宽带

谱包络和原始宽带语音谱包络之间的均方误差最小，均方误差表示为

$$\varepsilon_{\text{mse}} = E[\| \boldsymbol{y} - F(\boldsymbol{x}) \|^2] \tag{5.9}$$

式中，$E[\cdot]$表示期望，$F(\boldsymbol{x})$为模型估计的宽带谱包络特征。GMM参数估计算法框图如图5.7所示。

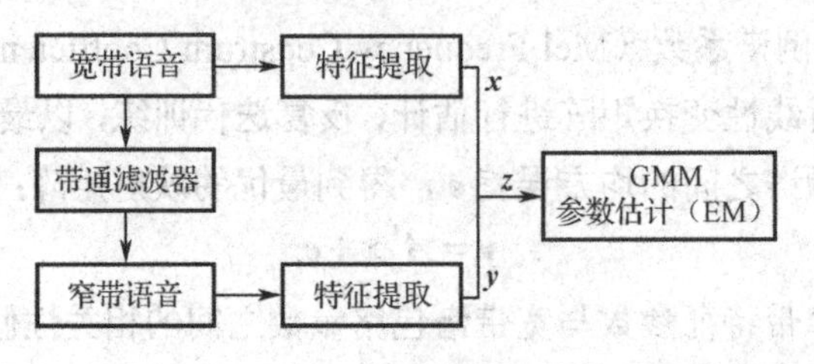

图5.7　GMM参数估计算法框图

基于GMM的频带扩展算法相较于码本映射避免了量化带来的误差，能更好地恢复缺失的高频包络。相较于线性映射，能更好地拟合窄带和宽带之间的映射关系。但是联合概率分布函数$p(\boldsymbol{x},\boldsymbol{y})$的维度是向量$\boldsymbol{x}$和向量$\boldsymbol{y}$的维度之和，对内存要求很高，计算复杂度也有所提高。GMM对特征的拟合情况还取决于高斯概率密度函数混合的数量，太小则会导致模型欠拟合，太大则会增加计算复杂度和运算压力。

（2）隐马尔科夫模型估计宽带谱包络

隐马尔科夫模型是描述从一个状态转换到另一个状态的概率统计模型。HMM通常由三个部分来表征语音产生过程的不同统计特性，观察概率$p(\boldsymbol{x}|S_i)$、初始状态概率$P(S_i)$、转移概率$P(S_{i+1}|S_i)$。$p(\boldsymbol{x}|S_i)$为观察值$\boldsymbol{x}$（窄带特征向量）的条件概率密度函数，由GMM建模，即每个观察概率由L个高斯概率密度函数之和来近似：

$$p(\boldsymbol{x}|S_i) \approx \sum_{l=1}^{L} \alpha_{il} \mathcal{N}(\boldsymbol{x};\boldsymbol{\mu}_{il},\boldsymbol{C}_{il}) \tag{5.10}$$

式中，$\mathcal{N}(\boldsymbol{x};\boldsymbol{\mu}_{il},\boldsymbol{C}_{il})$表示具有平均向量$\boldsymbol{\mu}_{il}$和方差矩阵$\boldsymbol{C}_{il}$的GMM的第$l$个N维高斯分布。每个高斯分布都有一个权重系数$\alpha_{il}$，权重之和等于1：

$$\sum_{l=1}^{L} \alpha_{il} = 1 \tag{5.11}$$

$P(S_i)$表示HMM处于第i个状态S_i的概率，$P(S_{i+1}|S_i)$表示从状态S_i转换到S_{i+1}的概率。

文献[5]是首个提出用HMM恢复语音频带的算法。HMM模型的状态$S_i(i=1,2,\cdots,N_S)$对应于宽带码本中的码矢$\boldsymbol{C}_i(i=1,2,\cdots,C_S)$，码本的训练方法为提取宽带语音谱包络$y_{\text{eb}}$特征，使用LBG算法找到平均量化失真（通常为欧氏距离）

最小的码本。

HMM 宽带谱包络估计算法框图如 5.8 所示，图中 $\boldsymbol{x}$ 为窄带语音信号提取的特征向量，通过已知状态的观察值计算 HMM 模型的状态条件后验概率 $p(S_i \mid \boldsymbol{x})$，最大概率值所对应的状态即为当前窄带语音帧最可能的 HMM 状态。最后结合贝叶斯条件参数估计方法和最小均方误差准则（Minimum Mean Square Error，MMSE）估计当前输入窄带信号帧对应的宽带谱包络参数 $\hat{y}_{eb}$。MMSE 准则可以使估计值与实际宽带谱包络的均方误差最小。文献[34,35]详细推导了 MMSE 计算宽带谱包络和估计贝叶斯条件参数求解的过程。

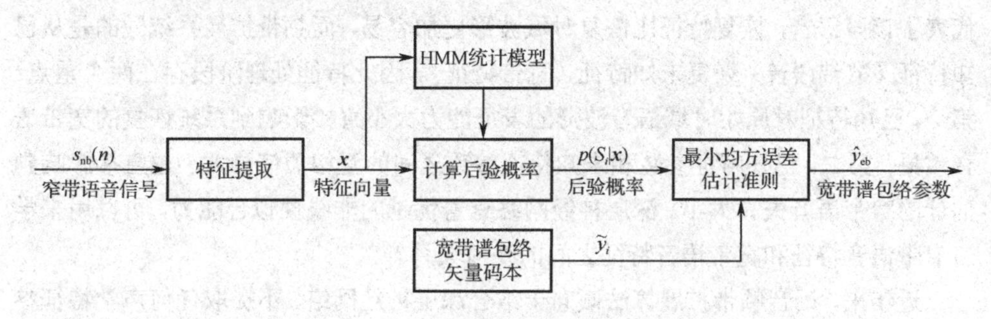

图 5.8　HMM 宽带谱包络估计算法框图

语音信号的频谱包络基于宽带码本，在该码本中存储了宽带语音频谱包络系数；而码本搜索基于 HMM，HMM 的每个状态对应于码本中的码矢，码本搜索算法的目标是计算宽带谱包络系数的估计值，MMSE 算法计算量较大，如果用在目前的通信信道系统中，会出现严重的语音延迟。而且 HMM 频带扩展算法，只考虑了两帧之间的统计关系，但真实情况下语音当前帧的谱包络特征可能和周围的若干帧都有关系。

5.3　深度学习的端到端语音频带扩展

传统的机器学习需要提取大量抽象的语音特征，在小数据集上的表现尚且可以，但随着开源数据集资源越来越丰富，庞大的数据集所需要的昂贵的人力成本不再可接受，且传统机器学习算法的泛化能力不够，在海量数据下所做出的决策和预测不够准确。深度学习是利用复杂的模型去学习海量的大数据，深层模型的参数量一般能达到百万级别，用于训练模型的大数据都是 GB 或 TB 级别。深度学习对模型设计要求门槛低，虽然深层模型体积庞大，对计算机的运算能力有较高的要求，但使用反向传播和梯度下采算法来训练深层神经网络，依然可以达到较好的结果。

近几年随着深层神经网络的兴起，众多优秀的神经网络模型如全连接神经网络（Dense Neural Network，DNN）、卷积神经网络（Convolutional Neural Network，CNN）、循环神经网络（Recurrent Neural Network，RNN）、生成对抗网络（Generative Adversarial Network，GAN）和 WaveNet 等大量引入到语音频带扩展领域，取得了越来越好的效果。深层神经网络模型能更精确地拟合窄带语音和宽带语音之间的映射关系。传统方法在扩展语音之前都需要对原来的语音进行特征提取，如 LPC、LSP、LSF 和 MFCC，这样做的好处其一在于能够将高维的原始波形语音数据转换为低维特征数据，减少系统的运算量；其二从语音波形中提取的特征在一定层面上代表了该段语音，恢复特征比恢复时域波形更加容易，而频带扩展系统做的是从已知特征（窄带语音）恢复未知特征（宽带特征）。因此特征处理阶段存在两个重点：第一，已知特征对原始时域语音波形的表征能力大小直接影响到系统恢复的宽带语音效果；第二，已知特征参数和未知特征参数之间的互相关信息大小也直接影响到估计的宽带语音失真大小。深层神经网络有着优越的非线性拟合能力，可以用来学习窄带语音特征和宽带语音特征之间的映射关系。

近年来，语音频带扩展算法倾向于结合深层神经网络，不提取任何声学特征参数，直接对时域语音波形和宽带语音波形之间的映射关系进行端到端建模，本节将分别论述在基于端到端语音频带扩展中取得阶段性成果的深度学习算法，并且分析各算法之间的优缺点。

5.3.1 全连接神经网络

全连接神经网络（Dense Neural Network，DNN）是最早提出的神经网络单元，结构大致如图 5.9 所示，由一层输入层、若干层隐藏层和 1 层输出层组成，神经网络层里面由若干个神经元组成，神经元的内部组成如图 5.10 所示，层与层之间的神经元相互连接，下一层的神经元一般情况下会连接上一层所有神经元的输出，不能跳跃层级进行连接，这样可以最大限度地避免漏掉上一层所贡献的特征，并且单层内的神经元相互独立，互不连接。层数越深的神经网络模型，自然神经元越多，拟合能力越强。

神经元内部由线性单元和非线性单元组成，线性单元由权重项 $\boldsymbol{w}$ 和偏置项 $\boldsymbol{b}$ 组成，构成 $\boldsymbol{wx}+\boldsymbol{b}$ 的线性单元，非线性单元由激活函数 f 组成，激活函数有很多种，常见的有 Sigmoid、ReLu、Tanh 等，图 5.11 给出了不同非线性激活函数的曲线对比。

DNN 的缺点就是权重参数过于繁多，在训练过程中模型收敛会比较缓慢。

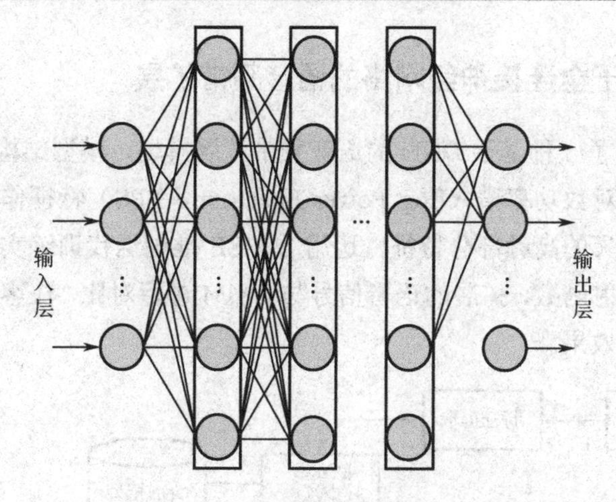

图 5.9　全连接神经网络结构示意图

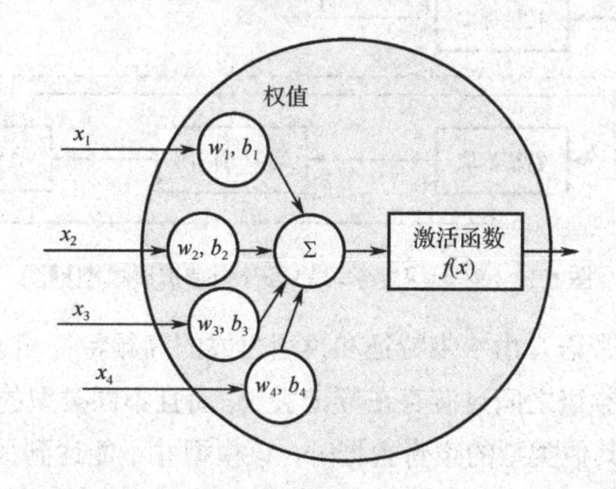

图 5.10　神经元的内部组成

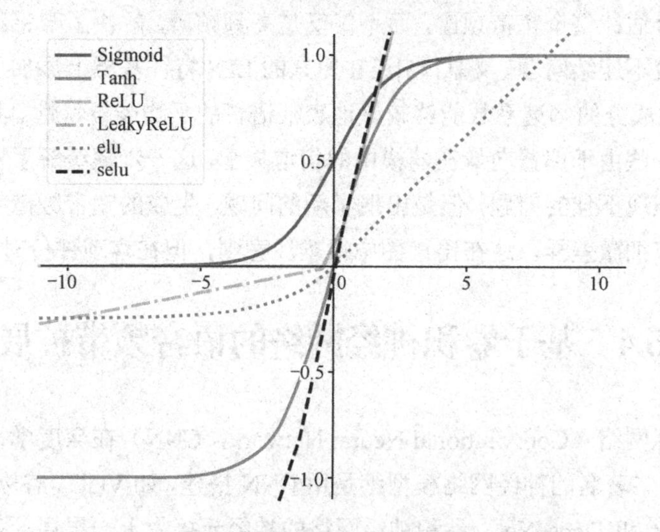

图 5.11　激活函数曲线对比图

5.3.2 基于全连接神经网络的语音频带扩展

文献[7]提出了一种基于 DNN 的语音频带扩展模型，模型结构如图 5.12 所示。通过提取语音的对数功率谱（Log Power Spectrum，LPS）特征作为模型的训练数据，模型输出缺失的高频部分特征，运用 MMSE 准则迭代训练实现输入和输出特征之间的高维映射函数，扩展的语音信号与 GMM 进行对比，在客观和主观测量上均取得了更好的效果。

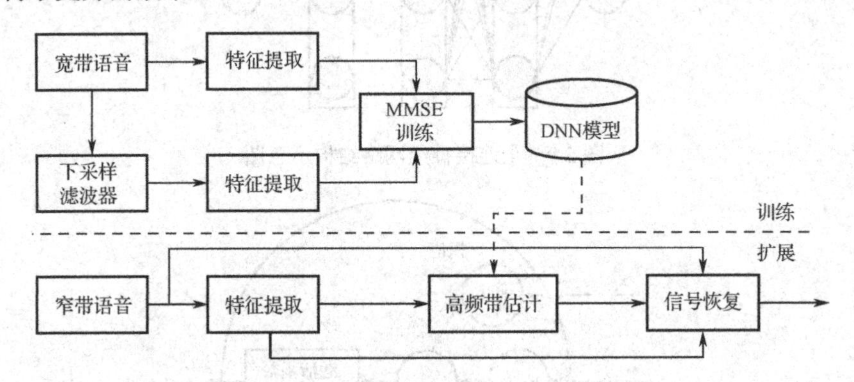

图 5.12 基于深度学习的语音频带扩展模型框图

由于重构的宽带语音由窄带特征和模型生成的高频特征相加所得，所以在窄带频谱和估计的高频频谱之间过渡存在频谱丢失。而且不同类型的声音数据声学结构并不相同，当扩展其他类型的声音数据时，该模型并不能达到很好的效果。后来文献[45]通过实验发现 DNN 在回归任务中更偏向于产生平滑的输出，在文献[7]模型的基础上联合估计整个宽带频谱，而不仅仅是高频频谱，解决了窄带频谱和高频频谱之间的过渡不连续问题。文献[45]还在原来的 LPS 特征基础上添加了额外倒谱特征，因为低频成分的倒谱系数能够较好地表征语音的平均能量特性。并且对特征归一化减少了一些由于偏置向量在建模中的信道失配，这一步骤缓解了模型在其他测试数据集上表现不佳的问题，但是出现了新的问题，生成的宽带频谱在低频段和原始窄带频谱有细微差异。这在语谱图中很难注意到，但在客观评价时会暴露出来。

5.4 基于卷积神经网络的语音频带扩展

卷积神经网络（Convolutional Neural Network，CNN）在深度学习的应用中最为广泛，有许多著名的神经网络模型都是用 CNN 搭建，如 VGG、谷歌的 incception 系列、ResNet 和 DenseNet。卷积神经网络的神经元接收上一层局部范围内的神经元输出，以权重共享的方式大大地减少了网络参数量。卷积神经网络的卷积过程如图 5.13 所示。输入为 4×4 大小的矩阵数据，填充为 0，卷积核为 2×2 大小的矩阵数据，输入矩阵保持不动，卷积核从左往右从上往下在输入数据上进行步幅为 1 的“滑动”，对应位置相乘后相加，这个过程称之为卷积运算。卷积后得到维度为 3×3 大小的特征图。通常伴随着卷积的还有填充、步幅以及扩张技术。填充是在输入数据的上下左右外围填充 0 或 1，保证数据边缘多被卷积核扫描几遍，以保证下一层有更多的边缘信息；步幅是跳跃的提取信息，能缩短卷积时间；扩张是将卷积核扩大，能一定程度上扩大特征提取的范围，也称为感受野。

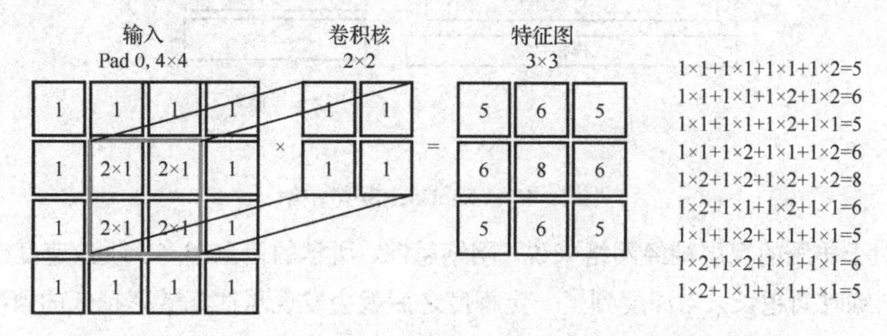

图 5.13　卷积神经网络的卷积过程

文献[8]受深层卷积网络在图像超分辨率中成功应用的启发，提出了基于卷积神经网络的端到端语音频带扩展模型 AudioUnet，模型结构如图 5.14 所示。与传统的源-滤波器模型大不相同，AudioUnet 将宽带数据集通过低通滤波器得到窄带语音数据后，通过三次样条插值方法将窄带语音上采样到和宽带语音相同的长度，之后不对宽带和窄带音频进行任何时频域特征提取，换言之，该算法直接通过神经网络本身来提取最优的声学特征，而不是通过人为的指定。AudioUnet 将时域下的窄带和宽带音频分别作为模型的输入输出，通过最小均方误差准则，利用 Adam 优化器，反复迭代训练，得到最优模型参数。

AudioUnet 模型结构采用了瓶颈结构和残差连接等方式进行建模，瓶颈结构由 *B* 个下采样模块和上采样模块组成。下采样模块提取输入窄带数据的非线性低维声学特征，上采样模块实现的是文献[48]中的 Subpixel shuffling 层，负责宽带音频的重建，经过文献[49]验证 Subpixel shuffling 层作为上采样层不太容易产生音频缺陷。数据在下采样时，滤波器的尺寸变大，时间维度减半；在上采样期间，滤波器的尺寸变小，时间维度增加。由于上采样层和下采样层数量相等，因此模型的输入和输出维度相等。瓶颈特征具有表征语音数据声学特征的能力，并且能够把高维数据提取特征变成低维数据再进入模型进行训练，以进一步提升现有频带扩展系统的性能。

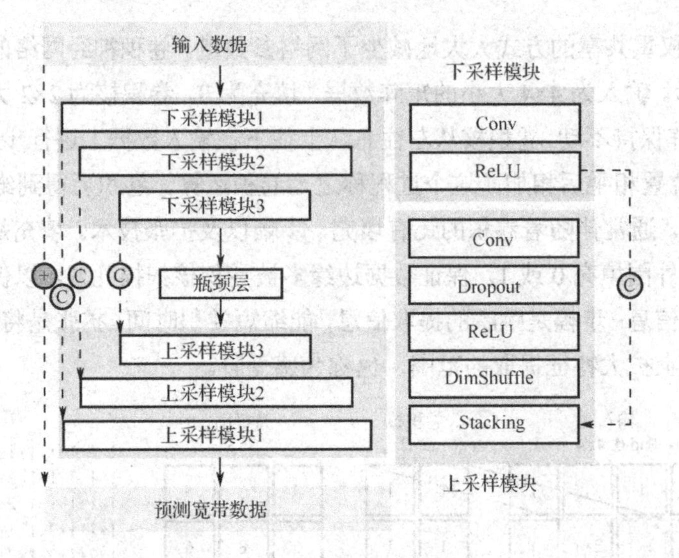

图 5.14 AudioUnet 模型结构

对于传统的深层神经网络来说，网络越深，所学的信息越多。收敛速度也就越慢，训练时间越长，当深度到了一定程度之后就会发现越往深效率越低的情况，甚至在一些场景下，网络层数越深反而降低了准确率，容易出现梯度消失和梯度爆炸。因此该模型引入残差连接结构，将第 b 个下采样层输出和第 B-b+1 个上采样层输出的最后一个维度进行拼接，模型只需要学习残差特征，加快了模型训练。

模型的设计思路在概念上很简单，在扩展相同类型窄带音频数据时的主客观评价获得了不错的成绩，但是 AudioUnet 模型的输入是由窄带语音经过三次样条插值所得，虽然高频部分已经有所恢复，但是低频部分也被修改。该模型大量使用 DenseNet 结构，在模型结构的最后应用残差结构，将最后一层的输出和三次样条插值后的语音相加，目的在于让深层神经网络只学习宽带语音和三次样条插值语音之间的残差，但是细微的残差，如三次样条插值语音和宽带语音的低频和高频部分 AudioUnet 却很难学到。

AudioUnet 模型的训练需要花费大量的时间和计算成本，极大地占用显存，并且由于极度信任输入的模型结构使得模型对训练数据类型非常敏感，比如对带宽受限的电话语音能够恢复非常清晰的高频音质，但是换了音频类型后，恢复效果比较差。

5.5 基于循环神经网络的语音频带扩展

循环神经网络（Recurrent Neural Network，RNN）被设计用来专门处理时序数据，如语音、视频和文本等。基本循环神经网络结构如图 5.15 所示，输入 x 经过隐藏层 S 得到输出 O，图 5.15（b）为循环神经网络在时间维度的展开图，展示了 3 个时间步长的 RNN 状态，可以看到，循环神经网络的一个时间点输出又传回了隐藏层作为下一个时间步长的输入。由此可知，循环神经网络的输出不仅取决于当前时刻的输入还考虑到了上一个时间步长的输入，即

$$O_t = VS_t \tag{5.12}$$

$$S_t = Ux_t + WS_{t-1} \tag{5.13}$$

$$O_t = V(Ux_t + W(Ux_{t-1} + \dots)) \tag{5.14}$$

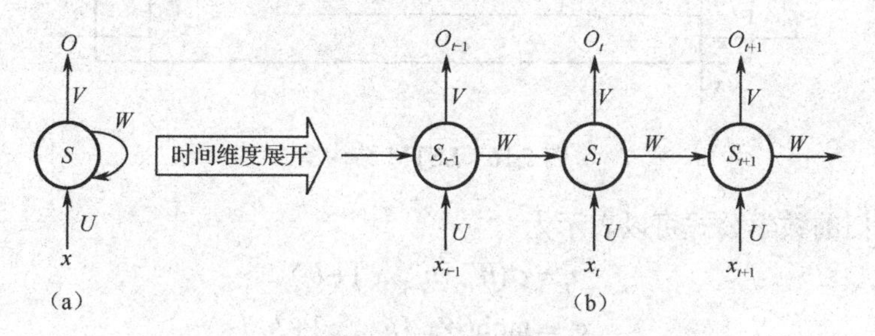

图 5.15　RNN 结构及在时间维度展开图

由式（5.14）可知，当前时刻的循环神经网络输出 O_t，受到了 x_{t-1}、x_{t-2}、x_{t-3}…的影响，由于 RNN 只有一个状态，它对邻近的数据更为敏感，虽然考虑到了整个时序数据，但是当数据长度很长时，第一个数据和最后一个数据其实已经没有多大的关联。而且 RNN 只考虑了当前时刻之前的时序数据，并没有考虑时序数据之后的数据，在上下文关系的学习能力上还是有所欠缺。并且 RNN 在梯度反向传播的过程中，很容易出现梯度消失和梯度爆炸等情况，导致 RNN 无法学习到长距离序列间的关系。

长短时记忆神经网络（Long Short Term Memory Network，LSTM）的出现解决了上述问题，作为 RNN 的一个变体，其结构如图 5.16 所示。LSTM 在 RNN 的基础上添加了一个记忆单元 c_t，用来记忆长距离序列。LSTM 单元接收的输入有当前输入 x_t，上一时刻 LSTM 的输出值 h_{t-1} 以及上一时刻 LSTM 单元的状态 c_{t-1}。LSTM 输出当前时刻的输出 h_t 和当前时刻的状态 c_t。

LSTM 单元包含 3 个门限，分别为：输入门、遗忘门和输出门，门限相当于开关，能控制数据流的流向。

遗忘门的数学公式可以表示为

$$f_t = \sigma(W_f \cdot [h_{t-1}, x_t] + b_f) \tag{5.15}$$

式（5.15）中的 σ 为 Sigmoid 激活函数，Sigmoid 的输出值区间在 0～1 之间，

当门限的输入值特别小时，输出为0，门限呈现关闭状态；当输入值特别大时，输出为1，门限呈打开状态。因此，门限能够起到遗忘或保留部分信息的决策能力。

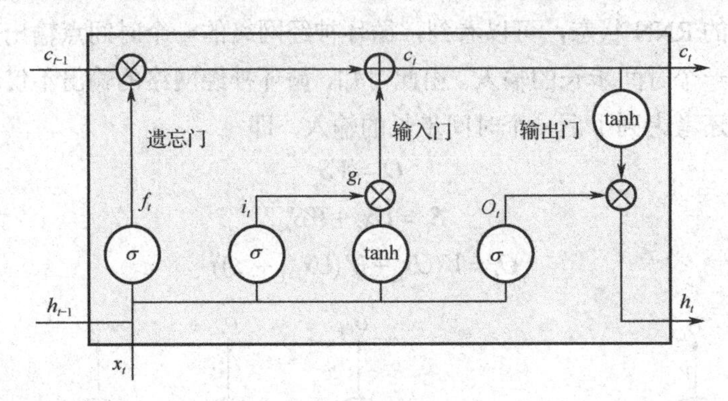

图 5.16　LSTM 结构图

输入门的数学公式可以表示为

$$i_t = \sigma(W_i \cdot [h_{t-1}, x_t] + b_i) \tag{5.16}$$

$$g_t = \tanh(W_C \cdot [h_{t-1}, x_t] + b_C) \tag{5.17}$$

遗忘门自己决策哪些信息该保留，哪些信息该遗忘。由输入门来执行实现，并且更新旧的单元状态。

输出门的数学公式可以表示为

$$O_t = \sigma(W_o [h_{t-1}, x_t] + b_o) \tag{5.18}$$

$$h_t = O_t \times \tanh(C_t) \tag{5.19}$$

由式（5.19）所知，LSTM 的单元状态乘以 tanh 激活函数，再乘以 Sigmoid 激活门限层，来决定输出哪些信息。

LSTM 解决了 RNN 无法学习长期依赖问题，但是 LSTM 内部结构十分复杂，事实上，还有许多成功的 RNN 变体对 LSTM 进行简化，并且保留了 LSTM 相同的效果，如门控循环单元（Gated Recurrent Unit，GRU）。GRU 将 LSTM 的输入门、遗忘门和输出门简化成了更新门和重置门，目前 GRU 正在普遍代替 LSTM。

无论是 LSTM 还是 GRU，都是属于 RNN 的衍生体，所有 RNN 衍生体都是基于时间维度，RNN 必须处理完上一个时间维度数据之后，才能开始处理下一个时间维度信息，无法像 CNN 那样进行并行计算，因此 RNN 的训练和推理效率都比较低。

文献[9]受 SampleRNN 的启发，提出了一种直接对时域波形建模的层级 RNN 结构——HRNN，没有采用任何基于声码器的特征提取方法，避免重构波形中的频谱细节和相位丢失，在 HRNN 结构中有多个循环层，每层以特定的时间分辨率工作。HRNN 结构如图 5.17 所示。

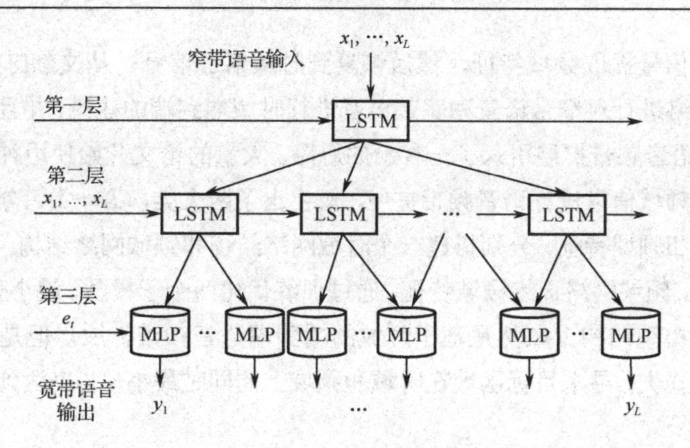

图 5.17　HRNN 结构图

HRNN 模型的第一层输入量化后的时域窄带波形，第二层 LSTM 的输入为在 t 时间步长的输入向量和来自上一层输出的每一个时间步长输出的条件向量的线性组合。第三层全连接层的输入为窄带输入经过嵌入层的嵌入向量和上一 LSTM 层每个时间步长输出的条件向量的线性组合，输出最终的预测结果。

HRNN 模型充分利用了语音信号输入的过去时间样本和当前时间样本以及未来的时间样本，加上语音本就是前后时序因果数据，生成的结果在主观和客观评价上表现很好。

文献[9]还利用 DNN 的状态分类器从窄带语音中提取瓶颈特征作为输入，进一步提高 HRNN 的性能，分析了将模型搭建为窄带波形到宽带波形和高频分量波形两个映射策略的性能表现，结果发现生成高频策略的感知语音质量评价（PESQ）高于直接生成宽带波形。与文献[45]的结论相反，因为不同模型的最佳映射策略不尽相同。

虽然 HRNN 在语音频带扩展研究中取得了较好的客观评价结果，但是该模型结构十分复杂，且由 RNN 搭建而成，RNN 只有在处理完当前时序数据之后才能开始处理下一个时序数据，无法并行计算，因此在生成波形时非常耗时，不适用于一些实时的应用场景。

5.6　基于时频神经网络的语音频带扩展

不少的神经网络通过将语音频带扩展任务在时域或频域建模都取得了不错的结果，时域上的建模偏向于生成准确的波形和相位信息，频域的建模偏向于生成更准确的频谱和能量。在语音频带扩展研究伊始，几乎所有的研究都是基于频域的，从时域语音信号提取频域特征，然后恢复到时域语音信号。从文献[8]开始，首次使用神经网络进行对窄带语音和宽带语音进行时域端到端的建模，并且取得了一定的成功，为语音频带扩展引入了一种新的思路。大量的论文开始使用神经网络同时利用时域和频域信息进行语音频带扩展，衍生出了两大类，第一类：分别提取语音的时域特征和频域特征，分别搭建一个时域网络结构和频域网络结构，时域网络训练时域特征，频域网络训练频域特征，通过训练优化两个子模型，最小化损失之和；第二类：在模型结构上依然是基于时域的端到端语音频带扩展，但是在目标函数上设计时频损失，寻求目标函数在时域和频域上的同时最小值，来达到最佳的训练效果。

1. 时频网络结构

文献[38]首次提出将时频神经网络结构应用于语音频带扩展，论文基于 AudioUNet 提出了一种时频神经网络（TFNet），同时在时域和频域对窄带和宽带之间的映射关系建模，进行端到端的训练，该模型的预处理方法和文献[8]相同，输入窄带音频，为了使得窄带音频和宽带音频具有相同的采样点数，使用三次样条插值上采样。在模型的频域分支首先经过离散傅里叶变换（Discrete Fourier Transform，DFT），转换到频域，取实数部分，然后将低频分量复制到高频分量，方便 AudioUnet 中的卷积层搭建高频分量和低频分量之间的依赖关系，输出频域数据 $\hat{m}$ ；在模型的时域分支直接将时域数据输入 AudioUnet，输出时域数据 $\hat{z}$ ，最终利用频谱融合层结合 $\hat{m}$ 和 $\hat{z}$ 估计最终的宽带音频 $\hat{y}$ 。

$$M = w \odot |\mathcal{F}(\hat{z})| + (1-w) \odot \hat{m} \tag{5.20}$$

$$\hat{y} = \mathcal{F}^{-1}(M e^{j\angle\mathcal{F}(\hat{z})}) \tag{5.21}$$

式中， $\mathcal{F}$ 表示傅里叶变换， $\odot$ 表示元素逐个相乘， w 是可训练权重，TFNet 模型结构如图 5.18 所示。

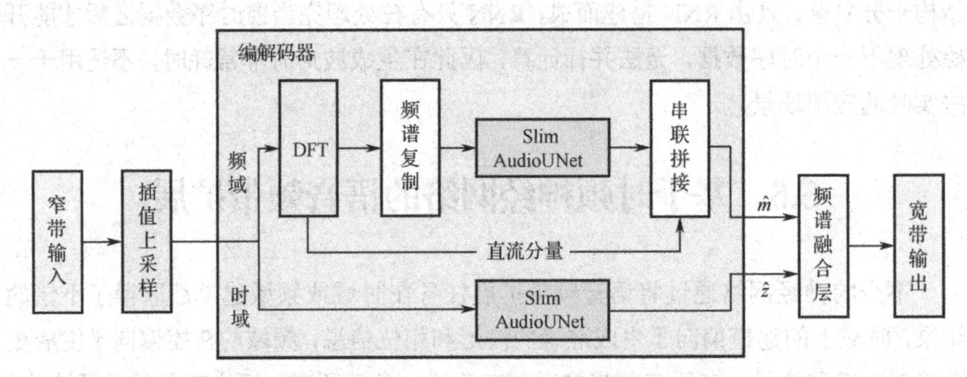

图 5.18　时频神经网络进行语音频带扩展算法框图

TFNet 的结果在 SNR 和 LSD 上比文献[45]和文献[38]的更好，但是 TFNet 时域分支和频域分支分别包含一个 AudioUNet，实则在训练两个网络，结构复杂，需要大量的计算资源训练，此外，TFNet 的频域分支还受到了接收域有限的限制。

2. 基于时频损失

为了避免模型过于复杂，增加训练压力。文献[51]提出一种新的时频损失函数，计算流程示意图如图 5.19 所示，时域损失由模型重构宽带语音帧和标签宽带语音帧之间的平均绝对值误差。频域损失部分则需先将重构语音帧和宽带语音帧通过重叠相加法合并重构语音和宽带语音，然后分别进行短时傅里叶变换，频域损失则设计为这两个 STFT 振幅之间的平均绝对值误差。时频损失结合了时域损失和频域损失，模型结构依然基于 AudioUNet，网络只在时域内运行，通过训练神经网络，最小化时频损失，迫使重构宽带音频得到在时域和频域互相均衡的结果。

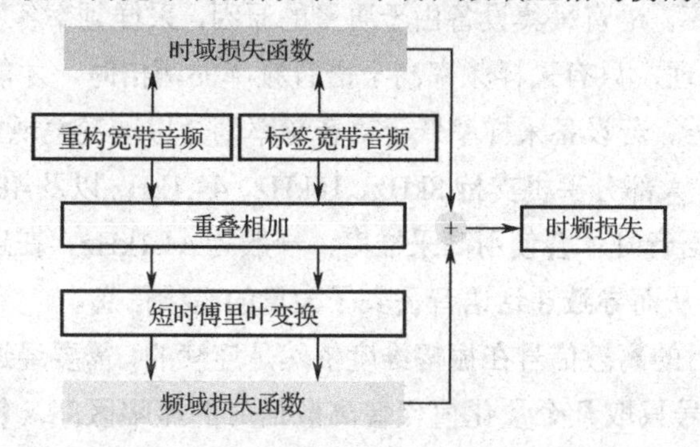

图 5.19 时频损失计算流程示意图

时域损失表示如下：

$$L_{\mathrm{T}}(\hat{s},s)=\frac{1}{N}\sum_{n=1}^{N}|\hat{s}(n)-s(n)| \tag{5.22}$$

式中，$\hat{s}(n)$ 和 $s(n)$ 分别表示为重构宽带音频和宽带音频的波形数据，频域损失函数如下所示：

$$L_{\mathrm{F}}=\frac{1}{MK}\sum_{m=1}^{M}\sum_{k=1}^{K}\|\hat{S}(m,k)|-|S(m,k)\| \tag{5.23}$$

式中，$\hat{S}(m,k)$ 和 $S(m,k)$ 分别表示重构宽带音频和宽带音频的 STFT 数据。最后时频损失被设置为 L_{T} 和 L_{F} 的线性组合，α 由网格搜索所得：

$$L_{\mathrm{total}}=\alpha L_{\mathrm{T}}+(1-\alpha)L_{\mathrm{F}} \tag{5.24}$$

该方法结构简单，避免了复杂模型带来的计算压力，并且同时兼顾时域和频域两个方面，重构的宽带音频在 LSD 和 SNR 指标上取得了比之前所有模型都要好的客观评价结果。

5.7 数据预处理方式及窄带语音特性

5.7.1 窄带语音产生原因

窄带语音的产生原因主要有三大因素，分别是语音采集设备、量化编码和信道带宽。

语音采集设备：语音信号是通过振动产生的声波，声波是取值连续的模拟信号，需要通过语音采集设备即麦克风将声波转换为模拟信号，而后需要以固定的时间间隔对模拟信号进行采样，将模拟信号采样为离散信号。这样一来，采样后的离散信号时间维度取值离散，对于模拟信号而言在两个采样点之间的连续值则被丢弃，采样间隔称为采样率。语音采集设备由于质量的原因，采样频率各不相同。根据奈奎斯特-香农采样定理，只有采样频率高于语音频率的两倍时，才能不失真地保留和还原原始语音信号。若设备采样率低于语音频率则会出现混叠现象，严重影响听觉感受。在生活中，大部分手机支持 8kHz、16kHz、44.1kHz 以及 48kHz 的采样频率，但在手机上录制语音时才会使用高采样率，一般为 44.1kHz，在通话时麦克风的采样率仅为 8kHz，从而导致通话语音丢失了大量的高频信息。

量化：采样后的离散信号在振幅维度依然是连续的，需要经过量化才能变成数字信号，数字信号只取几个量化值代替离散信号的振幅区间。转变成数字信号后的语音信号，降低了对硬件传输和存储的要求，便于用到复杂的算法中进行计算和分析语音声学特性，并且还提高了在传输过程中的抗干扰能力、可靠性和保密性。但是，量化值和离散值之间存在一定的量化失真，会对语音信号产生类似于白噪声的干扰，在听觉表现上会出现“沙沙”声。由于语音信号的频率不一，且量化位数和语音信噪比直接挂钩，在数字电话系统中，通常会使用“A-law”或“u-law”量化编码机制，其中“A-law”主要在欧洲使用，“u-law”主要在北美和日本使用，在低频部分语音信号变化小，使用较大的量化间隔；在高频部分语音信号变化大，使用较小的量化间隔，当语音量化分级越多时，量化失真越小。

编码：经过采样和量化以后，语音信号已经转换为在时间和振幅上都离散的数字信号，多进制量化语音信号需要在电子设备上进行传输、存储和计算，要先进行二进制编码，使用位深表示每个采样点中的信息比特数，通常麦克风的量化位深为 8 比特、16 比特、24 比特和 32 比特。通常使用 8 比特量化位深，因此通常手机通话时麦克风采集语音的量化位深也为 8 比特。

信道带宽：通话语音信号在不同设备中传输需要通过数字公共交换电话网（PSTN），信道宽带资源宝贵且有限，该信道为单个语音频率传输信道分配的带宽通常为 4kHz，即采样率为 8kHz 的语音，通过该信道语音会被滤除高于 4kHz 频率的高频部分。此外，受到经济成本和国内外统一带宽标准等因素限制，在现阶段和不久的将来都不可能大幅度地增加通信网络的带宽来传输通话语音。

5.7.2 时域预处理方法

在进行 STFT 时，是假设信号在短时间内稳定的情况下。鉴于 STFT 也是线性运算，在一些基于深度学习的语音任务中，直接对时域波形进行建模，得到了较于频域更加乐观的结果。因此在语音频带扩展的预处理阶段对语音进行 STFT 处理不再是必需的操作，直接让模型学习窄带语音和宽带语音之间的非线性映射关系，让模型自身去提取有用的特征来恢复高频信息。因为傅里叶变换是非常难学习的，语音时域波形相较于频域特征拥有更高的维度，这对模型自身的学习能力有更大的要求，模型需要增加更多的参数量和复杂度来学习窄带和宽带语音波形的非线性映射关系。

语音频带扩展的时域预处理方法如图 5.20 所示。首先将语音信号下采样至 16kHz，得到宽带语音，然后将 16kHz 采样率语音经过抗混叠低通滤波器后下采样到 8kHz，最后在不恢复高频频谱的情况下，将 8kHz 语音信号重采样至 16kHz，再经过低通滤波器滤除频谱镜像，得到窄带语音，其中低通滤波器的截止频率为 4kHz。根据奈奎斯特采样定理，宽带语音的频带范围为 0～8kHz，窄带语音的频带范围为 0～4kHz，窄带语音和宽带语音的语谱图如图 5.21 所示。

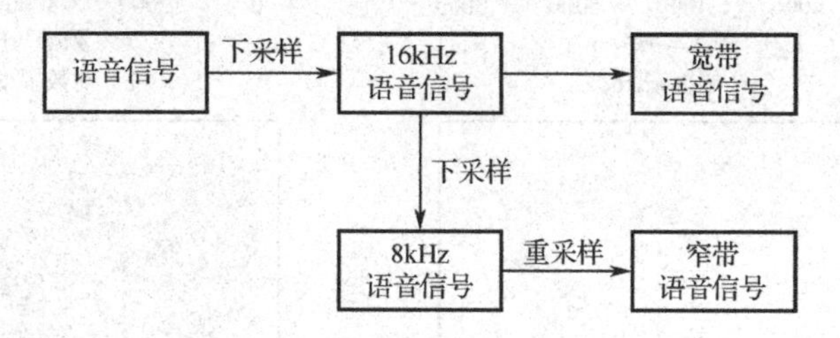

图 5.20 语音频带扩展的时域预处理方法

5.7.3 频域预处理方法

在时域复杂的函数或者信号分布，在频域能更容易地发现其规律。语音波形在时域的不同时间点是上下震动频率不一的波形，在波形级别上还有大大小小的包络，结构十分复杂。而在频域就是幅度不一的几条竖线。在频域进行计算分析或者建模能较容易地发现藏在语音波形下的潜在特征信息。时域语音信号经过短时傅里叶变换后能得到频谱和相位信息，语音经过 STFT 和逆变换后的误差极小，可以忽略。图 5.22 展示了语音频域特征图。

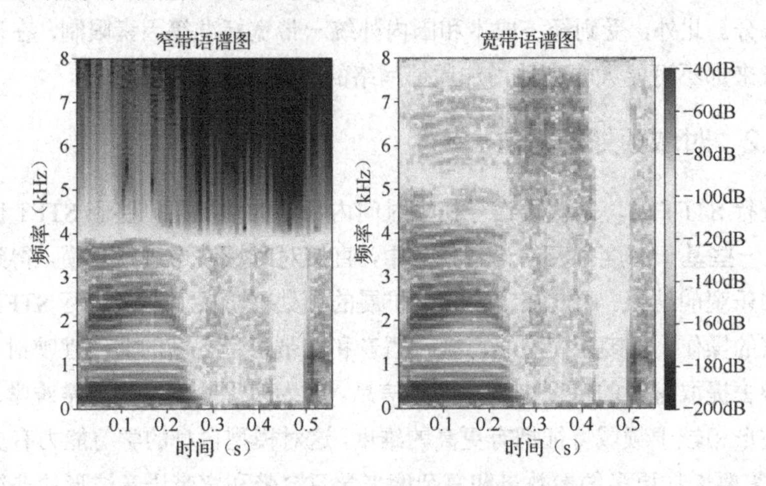

图 5.21 窄带语音和宽带语音的语谱图

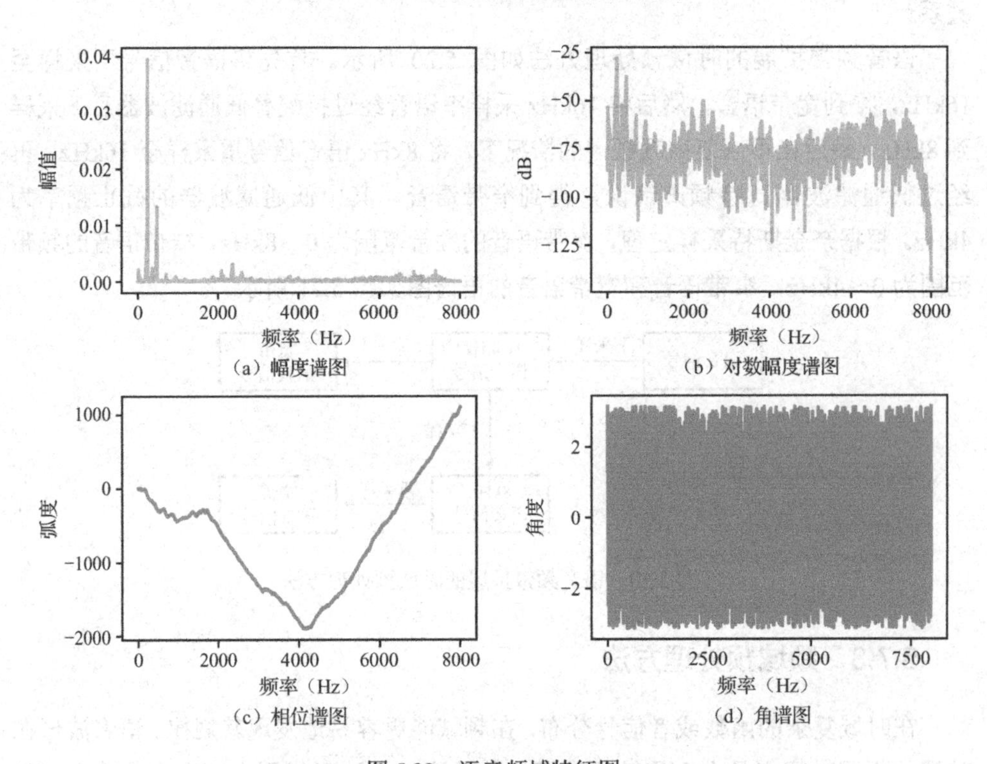

图 5.22 语音频域特征图

图 5.23 展示了语谱图，语谱图能体现语音波形随时间变化的频率分布和能量

分布，由三个维度组成，第一维度是时间，第二维度是频率，第三维度是能量，颜色越深代表该时间频率的语音能量越强，在语谱图中的纹理代表的是声纹信息。

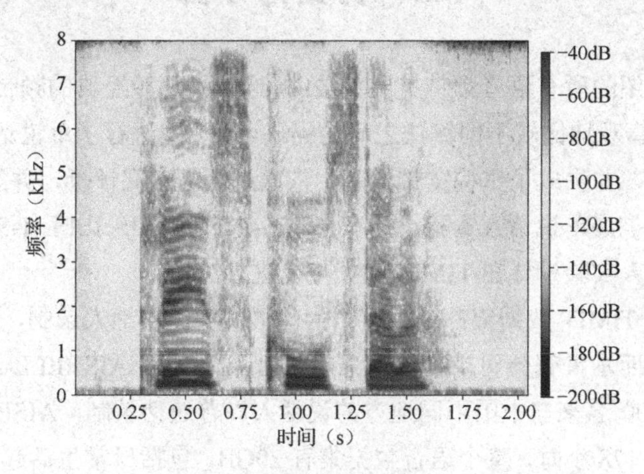

图 5.23　语谱图

语音频域特征有短时傅里叶变换后的频谱、梅尔频谱、对数功率谱、对数梅尔谱以及在倒谱域的特征等。不同的频谱特征在降低特征维度的同时，还有不同的优缺点，比如线谱频率具有很好的量化特性，梅尔频谱系数包含人类的感知特性。

频域预处理方法如下，提取窄带语音的对数功率谱特征，输入模型进行训练。有两种映射策略，第一种模型拟合低频频谱 X^{NB} 和高频频谱 X^{HF} 之间的映射关系，输出预测高频频谱，最后将低频频谱和高频频谱拼接成宽带频谱 $\hat{X}^{\mathrm{WB}}$ 。第二种模型拟合低频频谱 X^{NB} 和宽带频谱 X^{WB} 之间的映射关系，直接生成预测宽带频谱 $\hat{X}^{\mathrm{WB}}$ 。宽带相位则通过翻转窄带相位 X_{P} 来创建人工相位 $\hat{X}_{\mathrm{P}}$ ，生成的宽带频谱和人工相位经过离散傅里叶逆变换（Inverse Short Time Fourier Transform，ISTFT）生成重构宽带语音 $\hat{y}$ ，语音频带扩展的频域预处理步骤如图 5.24 所示。

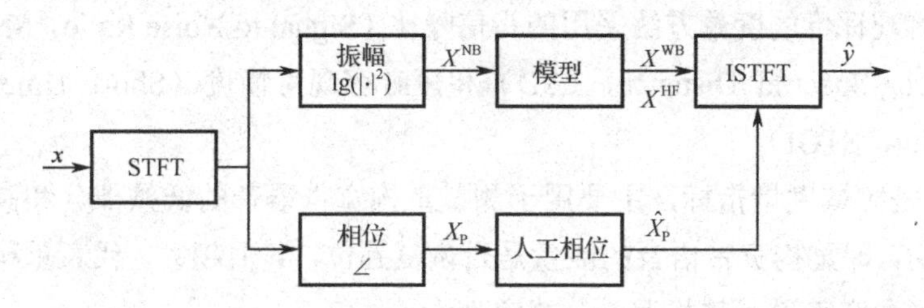

图 5.24　语音频带扩展的频域预处理步骤

5.8 仿真与分析

本章从介绍的所有语音频带扩展算法中,选取了几种经典的频带扩展方法进行复现,为了更直观地比较不同算法之间的优缺点,分别进行了单说话人和多说话人频带扩展实验,并生成了重构宽带语音,依次进行主客观评价,并绘制语谱图。

语音频带扩展单说话人实验设计在VCTK-P225和AISHELL-1-S0002数据集上进行,多说话人实验设计在TIMIT数据集上进行。

VCTK和TIMIT数据集都是以英语为母语的美国本地人录制,AISHELL-1语音数据集是由西尔贝壳公司录制的开源中文语音数据集AISHELL-ASR0009中的一部分,由400名来自中国不同地方的说话人以普通话录制,AISHELL-1数据集总录音时长达178小时,整个语音数据集有20GB,包括日常生活起居、无人驾驶、生产工业等11个领域。录制环境在消音室内,同时使用3种设备进行录制,分别为高保真麦克风(44.1kHz,16比特);Android系统手机(16kHz,16比特);iOS系统手机(16kHz,16比特)。高保真麦克风录制的语音会被统一下采样至16kHz。

数据集按6:2:2的比例划分为训练集、验证集和测试集。数据预处理阶段,宽带语音由数据集语音统一下采样至16kHz而得,而窄带语音需要将数据集语音下采样至8kHz,然后在不恢复高频部分的情况下重采样至16kHz得到。根据奈奎斯特采样定理,宽带语音带宽为0～8kHz,窄带语音带宽为0～4kHz。

实验依次复现了文献[56]的基于GMM的语音频带扩展,文献[45]的基于DNN的语音频带扩展和文献[8]的CNN的语音频带扩展。

5.8.1 客观评价

实验客观评价的度量方法采用的是信噪比(Signal to Noise Ratio,SNR)、对数谱距离(Log-Spectral Distance,LSD)和短时客观可懂度(Short Time Objective Intelligibility,STOI)。

SNR是时域度量指标,主要用于测量重构宽带语音的低频部分和高频部分能量是否均衡,即重构宽带语音的能量是否恢复到位,其值越大,代表重构宽带语音在时域波形和宽带语音越相近,公式定义为

$$\mathrm{SNR}(\hat{y}, y) = 10\lg\frac{\sum_{n=1}^{N} y(n)^2}{\sum_{n=1}^{N}[\hat{y}(n) - y(n)]^2} \tag{5.25}$$

式中，$y(n)$为原始信号，$\hat{y}(n)$为重构信号。

LSD 是频域度量指标，主要用于测量频谱包络的距离，其值越小，代表重构宽带语音的频谱包络和宽带语音越相近，公式定义为

$$S(l,k)=10\lg|y(n)|^2 \tag{5.26}$$

$$\hat{S}(l,k)=10\lg|\hat{y}(n)|^2 \tag{5.27}$$

$$\text{LSD}=\frac{1}{L}\sum_{l=1}^{L}\sqrt{\frac{1}{K}\sum_{k=1}^{K}(\hat{S}(l,k)-S(l,k))^2} \tag{5.28}$$

式中，l 和 k 分别为频率索引和帧索引，L 为语音帧数，K 为频点数，$\hat{S}(l,k)$ 和 $S(l,k)$ 分别为估计音频和宽带音频经过短时短时傅里叶变换后的频谱。

STOI 是用来反映语音可懂度和清晰度的客观评价指标，其值在 0～1 之间，值越大代表语音的可懂度越高。

表 5.1、表 5.2 及表 5.3 分别给出了语音频带扩展算法在三个数据集上的客观评价结果。由表可知，基于时域端到端的 CNN 语音频带扩展算法在 SNR 度量上取得最高值，但由于其不恰当的三次样条插值数据预处理方法，导致 LSD 过高；基于频域宽带谱包络恢复的 GMM 和 DNN 方法在 LSD 度量上取得较小的值，而基于神经网络的 DNN 频带扩展方法无论在 SNR 还是 LSD 和 STOI 客观评分上都要优于 GMM，这进一步肯定了深度学习相较于传统方法的非线性拟合能力。

表 5.1　VCTK-P225 数据集上的客观评价实验结果

算　法	SNR（dB）	LSD（dB）	STOI
Spline	21.055	3.551	0.9792
GMM	19.324	1.101	0.9864
DNN	19.782	0.977	0.9946
CNN	21.768	1.773	0.9878

表 5.2　AISHELL-1-S0002 数据集客观评价实验结果

算　法	SNR（dB）	LSD（dB）	STOI
Spline	15.478	3.843	0.9901
GMM	12.459	0.856	0.9924
DNN	15.871	0.855	0.9991
CNN	15.970	1.685	0.9954

表 5.3 TIMIT 数据集上的客观评价实验结果

算　法	SNR（dB）	LSD（dB）	STOI
Spline	15.925	3.88	0.9857
GMM	14.078	0.964	0.9896
DNN	17.524	0.928	0.9977
CNN	17.562	1.677	0.9952

5.8.2 主观评价

主观评价采用平均意见得分（Mean Opinion Score，MOS）。将测试集宽带语音和几种经典方法的重构宽带语音标记好之后打乱顺序，选取 20 位无个人偏见的测听者，在安静的环境下播放语音，测听者事先不知道音频标记，依次对每段语音进行主观意见评分。评分分为 5 个等级，1 分为最低分，5 分为最高分，最后对每段的 MOS 得分取平均得到最终的主观评价得分。3 个数据集上的主观评价结果如表 5.4、表 5.5 及表 5.6 所示，窄带语音的 MOS 得分最低，宽带语音的 MOS 得分最高，由此可知主观评价邀请的 20 人的评分是公正公平的，由表可知，基于深层神经网络的重构宽带语音 MOS 得分普遍高于传统 GMM 方法，而基于时域端到端的 CNN 重构宽带语音 MOS 得分显著高于 DNN 方法。

表 5.4 VCTK-P225 数据集上的主观评价结果

算　法	MOS
窄带语音	1.64
宽带语音	4.62
GMM	3.68
DNN	4.08
CNN	4.26

表 5.5 AISHELL-1-S0002 数据集上的主观评价结果

算　法	MOS
窄带语音	1.55
宽带语音	4.58
GMM	1.98
DNN	3.01
CNN	2.96

表 5.6　TIMIT 数据集上的主观评价结果

算　法	MOS
窄带语音	1.24
宽带语音	4.56
GMM	2.88
DNN	3.22
CNN	3.52

5.8.3　语谱图

从语谱图中的颜色、纹理特征可以观察出语音不同频段随时间变化的能量变化以及声纹结构，宽带语音和不同频带扩展算法的重构宽带语音的语谱图对比如图 5.25 所示，GMM 重构宽带语音的语谱图尽管高频部分存在少许高频伪影，但是 GMM 已经恢复了大部分丢失的高频部分频谱。DNN 重构宽带语音的高频部分的大概轮廓均得到恢复，但是依然存在不少高频信息缺失。得益于 CNN 神经网络高效的拟合能力，其重构的宽带语音在语音纹理和噪音引入上的表现最佳，但是在语谱图中也看出其重构的高频部分的能量密度略低。

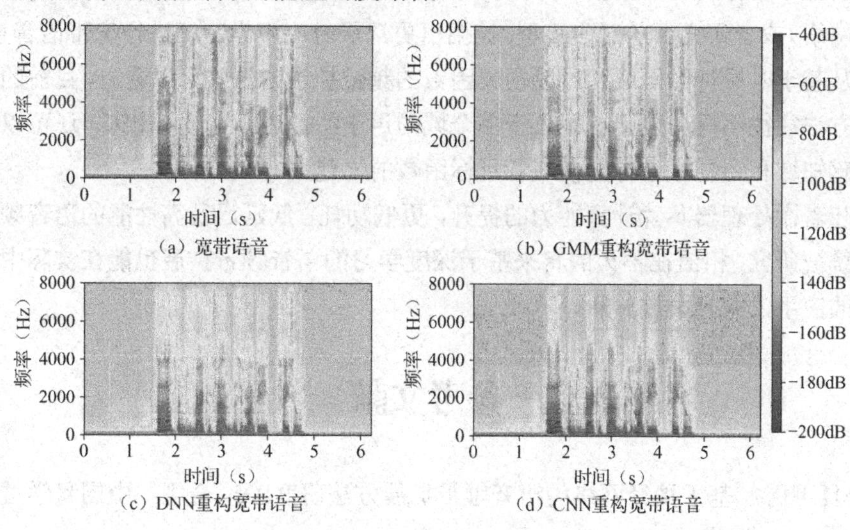

图 5.25　语谱图对比

5.9　本章小结

传统的语音频带扩展算法大多基于源-滤波器模型，即利用激励信号和宽带谱包络参数来生成宽带语音。本章详细描述了宽带语音激励信号生成算法和宽带谱包络估计算法，指出了每种算法用于语音高频信息恢复的优点和缺点。语音频带扩展研究中，目前主要在数据特征提取和映射模型搭建上进行创新，数据特征提取的目的在于挖掘出更加深层次意义的声学特征，而更优秀的映射模型能够找到窄带语音和宽带语音之间复杂的非线性关系。另外，语音频带扩展任务中高频谱包络估计比激励信号生成更加困难也更加重要，而高频谱包络估计的重点在于特征提取和模型搭建。

随着硬件计算能力的提高和深度学习的飞速发展，越来越多的先进深层神经网络模型（DNN、CNN、RNN、GAN 等）应用到语音频带扩展领域，重构的宽带语音生成效果也远超源-滤波器模型，短期内神经网络依然会作为研究重点，并且还有很大的上升空间。但是，目前基于深层神经网络的语音频带扩展依靠大量的参数进行非线性映射，非常消耗计算资源，在日常设备终端难以实时运行。神经网络模型未来应该更加倾向于在保持性能不变的情况下降低模型复杂度，从目前趋势上看，可以增加目标函数或者 GAN 训练策略中鉴别器的复杂度，来降低模型的映射负担，从而降低模型复杂度，因为在推理阶段不需要用到目标函数和鉴别器。

而且语音作为时序数据，可以使用已有的时序模型（扩张因果卷积网络、时间卷积网络）或者研究新的时序模型，挖掘出更深层时序声学特征进行宽带语音重构。

从基于时频神经网络和时频损失函数的频带扩展方法中可以看出，目前的频带扩展方法往往不再局限于挖掘语音单个域的声学特征进行建模，未来，还可以在语音的感知域和调制域进行建模或者目标函数的构建。

随着微处理器芯片计算能力的提升，更低功耗、低延迟及高性能的语音频带扩展系统被研究，相信在不久的将来基于深度学习的语音频带扩展也能在实际中得到广泛的应用，并且大放异彩。

参考文献

[1] 顾宇. 基于神经网络的语音频带扩展方法研究[D]. 合肥：中国科学技术大学，2017.

[2] Fant G. Acoustic theory of speech production[M]. Walter de Gruyter, 1970: 60-69.

[3] Yoshida Y, Abe M. An algorithm to reconstruct wideband speech from narrowband speech based on codebook mapping[C]//Spoken Language Processing Third

International Conference on Spoken Language Processing, 1994: 1591-1594.

[4] Nakatoh Y, Tsushima M, Norimatsu T. Generation of broadband speech from narrowband speech using piecewise linear mapping[C]//4th European Conference on Speech Communication and Technology, 1997: 1643-1646.

[5] Jax P, Vary P. Wideband extension of telephone speech using a hidden Markov model[C]//IEEE Workshop on Speech Coding, 2000: 133-135.

[6] Park K Y, Kim H S. Narrowband to wideband conversion of speech using GMM based transformation[C]//IEEE International Conference on Acoustics, Speech, and Signal Processing, 2000: 1843-1846.

[7] Li K, Lee C H. A deep neural network approach to speech bandwidth expansion[C]//IEEE International Conference on Acoustics, Speech and Signal Processing (ICASSP), 2015: 4395-4399.

[8] Kuleshov V, Enam S Z, Ermon S. Audio super resolution using neural networks[C]//International Conference on Learning Representations (ICLR), 2017: 2063-2069.

[9] Ling Z, Ai Y, Gu Y, et al. Waveform modeling and generation using hierarchical recurrent neural networks for speech bandwidth extension[J]. IEEE/ACM Transactions on Audio, Speech, and Language Processing, 2018, 26 (5): 883-894.

[10] 宋知用. MATLAB 在语音信号分析与合成中的应用[M]. 北京：北京航空航天大学出版社，2013.

[11] Iser B, Schmidt G. Bandwidth extension of telephony speech[M]. Springer, 2008: 135-184.

[12] Iser B, Schmidt G, Minker W. Bandwidth extension of speech signals[M]. Springer Science & Business Media, 2008: 34-38.

[13] Kornagel U. Improved artificial lowpass extension of telephone speech[C]// International Workshop on Acoustic Echo and Noise Control, 2003: 107-110.

[14] Larsen E, Aarts R M. Audio bandwidth extension: application of psychoacoustics, signal processing and loudspeaker design[M]. John Wiley & Sons, 2005.

[15] 王晶，匡镜明，谢湘. 基于特征波形内插与频带扩展技术的低速率宽带语音编码器[J]. 北京理工大学学报（自然科学版），2007, 27 (2): 166-170.

[16] Chennoukh S, Gerrits A, Miet G, et al. Speech enhancement via frequency bandwidth extension using line spectral frequencies[C]//IEEE International Conference

on Acoustics, Speech, and Signal Processing, 2001: 665-668.

[17] Jax P, Vary P. Artificial bandwidth extension of speech signals using MMSE estimation based on a hidden Markov model[C]//IEEE International Conference on Acoustics, Speech, and Signal Processing, 2003: 1764-1771.

[18] Jax P, Vary P. On artificial bandwidth extension of telephone speech[J]. Signal Processing, 2003, 83 (8): 1707-1719.

[19] Fuemmeler J A, Hardie R C, Gardner W R. Techniques for the regeneration of wideband speech from narrowband speech[J]. EURASIP Journal on Applied Signal Processing, 2001 (4): 266-278.

[20] Gustafsson H, Claesson I, Lindgren U. Speech bandwidth extension[C]//IEEE International Conference on Multimedia and Expo, 2001: 206-206.

[21] Yasukawa H. Spectrum broadening of telephone band signals using multirate processing for speech quality enhancement[J]. IEICE TRANSACTIONS on Fundamentals of Electronics, Communications and Computer Sciences, 1995, 78 (8): 996-998.

[22] Martin R, Wittke I, Jax P. Optimized estimation of spectral parameters for the coding of noisy speech[C]//IEEE International Conference on Acoustics, Speech, and Signal Processing, 2000: 1479-1482.

[23] 唐金峰. 电话语音的频带扩展[D]. 苏州：苏州大学，2009.

[24] 郎玥，赵胜辉，匡镜明. 基于向量量化的语音信号频带扩展[J]. 北京理工大学学报，2005, 25 (3): 260-264.

[25] 鲍长春. 数字语音编码原理[M]. 西安：西安电子科技大学出版社，2007: 128-134.

[26] 薛梅，周南. 基于码本映射的语音带宽扩展算法研究[J]. 电子设计工程，2010 (11): 75-77.

[27] 王迎雪，于莹莹，赵胜辉，等. 基于码本映射和 GMM 的语音带宽扩展[J]. 北京理工大学学报，2017, 37 (09): 970-974.

[28] Cheng Y M, O'shaughnessy D, Mermelstein P. Statistical recovery of wideband speech from narrowband speech[J]. IEEE Transactions on Speech and Audio Processing, 1994, 2 (4): 544-548.

[29] De Moivre A. The doctrine of chances[M]. Springer, 2001: 32-36.

[30] 张勇，胡瑞敏. 基于高斯混合模型的语音带宽扩展算法的研究[J]. 声学学报，2009, 34 (5): 471-480.

[31] Liu X, Bao C, Jia M, et al. A harmonic bandwidth extension based on Gaussian mixture model[C]//IEEE International Conference on Signal Processing, 2010: 474-477.

[32] Mohan D M, Karpur D B, Narayan M, et al. Artificial bandwidth extension of narrowband speech using Gaussian mixture model[C]//International Conference on Communications and Signal Processing, 2011: 410-412.

[33] Wang Y, Zhao S, Yu Y, et al. Speech bandwidth extension based on GMM and clustering method[C]//2015 Fifth International Conference on Communication Systems and Network Technologies, 2015: 437-441.

[34] 张勇，刘轶. 窄带语音带宽扩展算法研究[J]. 声学学报，2014, 39(6): 764-773.

[35] 张丽燕，鲍长春，刘鑫，等. 基于非线性音频特征分类的频带扩展方法[J]. 通信学报，2013, 34(8): 120-130.

[36] Wang Y, Zhao S, Liu W, et al. Speech bandwidth expansion based on deep neural networks[C]//Sixteenth Annual Conference of the International Speech Communication Association, 2015: 2593-2597.

[37] Abel J, Strake M, Fingscheidt T. Artificial bandwidth extension using deep neural networks for spectral envelope estimation[C]//IEEE International Workshop on Acoustic Signal Enhancement, 2016: 1-5.

[38] Lim T Y, Yeh R A, Xu Y, et al. Time-frequency networks for audio super resolution[C]//2018 IEEE International Conference on Acoustics, Speech and Signal Processing (ICASSP), 2018: 646-650.

[39] Gu Y, Ling Z, Dai L. Speech bandwidth extension using bottleneck features and deep recurrent neural networks[C]//Interspeech, 2016: 297-301.

[40] Li S, Villette S, Ramadas P, et al. Speech bandwidth extension using generative adversarial networks[C]//IEEE International Conference on Acoustics, Speech and Signal Processing, 2018: 5029-5033.

[41] Eskimez S E, Koishida K. Speech super resolution generative adversarial network[C]//IEEE International Conference on Acoustics, Speech and Signal Processing, 2019: 3717-3721.

[42] Sautter J, Faubel F, Buck M, et al. Artificial bandwidth extension using a conditional generative adversarial network with discriminative training[C]//International Conference on Acoustics, Speech and Signal Processing, 2019: 7005-7009.

[43] Wang M, Wu Z, Kang S, et al. Speech super resolution using parallel wavenet[C]//International Symposium on Chinese Spoken Language Processing, 2018: 260-264.

[44] Gupta A, Shillingford B, Assael Y, et al. Speech bandwidth extension with WaveNet[C]//IEEE Workshop on Applications of Signal Processing to Audio and Acoustics, 2019: 205-208.

[45] Li K, Huang Z, Xu Y, et al. DNN.based speech bandwidth expansion and its application to adding high.frequency missing features for automatic speech recognition of narrowband speech[C]//16th Annual Conference of the International Speech Communication Association, 2015: 2578-2582.

[46] Moore G E. Progress in digital integrated electronics[C]//Electron devices meeting, 1975: 11-13.

[47] He K, Zhang X, Ren S, et al. Identity mappings in deep residual networks[C]//European conference on computer vision, 2016: 630-645.

[48] Shi W, Caballero J, Huszár F, et al. Real-time single image and video super resolution using an efficient subpixel convolutional neural network[C]//Proceedings of the IEEE conference on computer vision and pattern recognition, 2016: 1874-1883.

[49] Odena A, Dumoulin V, Olah C. Deconvolution and checkerboard artifacts[J]. Distill, 2016, 1 (10): e3.

[50] Dong Y, Li Y, Li X, et al. A time frequency network with channel attention and non local modules for artificial bandwidth extension[C]//2019 IEEE International Conference on Acoustics, Speech and Signal Processing (ICASSP), 2020: 6954-6958.

[51] Wang H, Wang D. Time frequency loss for CNN-based speech super resolution[C]//2020 IEEE International Conference on Acoustics, Speech and Signal Processing (ICASSP), 2020: 861-865.

[52] Hao X, Xu C, Hou N, et al. Time Domain Neural Network Approach for Speech Bandwidth Extension[C]//IEEE International Conference on Acoustics, Speech and Signal Processing, 2020: 866-870.

[53] Veaux C, Yamagishi J, Macdonald K. Superseded cstr vctk corpus: English multi-speaker corpus for cstr voice cloning toolkit[J]. CSTR, 2016.

[54] Hui B, Jiayu D, Na X, et al. AISHELL1: An open-source Mandarin speech corpus and a speech recognition baseline[C]//20th Conference of the Oriental Chapter of the International Coordinating Committee on Speech Databases and Speech I/O Systems

and Assessment, 2017: 1-5.

[55] Lamel L F, Kassel R H, Seneff S. Speech database development: Design and analysis of the acoustic-phonetic corpus[C]//Speech Input/Output Assessment and Speech Databases, 1989.

[56] Bachhav P, Todisco M, Evans N. Exploiting explicit memory inclusion for artificial bandwidth extension[C]//2018 IEEE International Conference on Acoustics, Speech and Signal Processing (ICASSP), 2018: 5459-5463.

[57] Simonyan K, Zisserman A. Very deep convolutional networks for large.scale image recognition[J]. Computer Science, 2014: 1234-1255.

[58] Szegedy C, Liu W, Jia Y, et al. Going deeper with convolutions [C]//Proceedings of the IEEE conference on computer vision and pattern recognition, 2015: 1-9.

[59] Szegedy C, Ioffe S, Vanhoucke V, et al. Inception.v4, inception.resnet and the impact of residual connections on learning[C]//Proceedings of the AAAI Conference on Artificial Intelligence, 2017: 4530-4539.

[60] He K, Zhang X, Ren S, et al. Deep residual learning for image recognition [C]//Proceedings of the IEEE Conference on Computer Vision and Pattern Recognition, 2016: 770-778.

[61] Huang G, Liu Z, Van Der Maaten L, et al. Densely connected convolutional networks[C]//Proceedings of the IEEE conference on computer vision and pattern recognition, 2017: 4700-4708.

[62] Hochreiter S, Schmidhuber J. Long short-term memory[J]. Neural Comput, 1997, 9 (8): 1735-1780.

[63] Zhao R, Wang D, Yan R, et al. Machine health monitoring using local feature-based gated recurrent unit networks[J]. IEEE Transactions on Industrial Electronics, 2017, 65 (2): 1539-1548

[64] Nyquist H. Certain topics in telegraph transmission theory[J]. Transactions of the American Institute of Electrical Engineers, 1928, 47 (2): 617-644.

[65] Shannon C E. Communication in the presence of noise[J]. Proceedings of the IRE, 1949, 37 (1): 10-21.

[66] Hasan A, Zeeshan M, Mumtaz M A, et al. PAPR reduction of FBMC-OQAM using A-law and Mu-law companding[C]//ELEKTRO, 2018: 1-4.

[67] Liu L, Fukumoto M, Saiki S. An improved mu-law proportionate NLMS

algorithm[C]//IEEE International Conference on Acoustics, Speech and Signal Processing, 2008: 3797-3800.

[68] Recommendation C. Pulse Code Modulation (PCM) of voice frequencies[J]. ITU.T Rec. G.711, 1988, 711 (5): 12-33.

[69] Gerkmann T, Hendriks R C. Unbiased MMSE-Based Noise Power Estimation With Low Complexity and Low Tracking Delay [J]. IEEE Transaction on Audio, Speech, and Language Processing, 2012, 20(4): 1383-1392.

[70] Garofolo J . Getting started with the DARPA limit CD-ROM: an acoustic phonetic continuous speech database[J]. National Institute of Standards & Technology (NIST), Gaithersburgh MD, 1988.

[71] International Telecommunication Union. Methods for subjective determination of transmission quality. ITU Recommendation P.800, 1996:800.

[72] 梁山，刘文举，江巍. 基于噪声追踪的二值时频掩蔽到浮值掩蔽的泛化算法[J]. 声学学报，2013, 38(5): 632-637.

第 6 章　基于时间卷积神经网络的语音频带扩展

几乎所有的神经网络模型都是由 DNN（深层神经网络）、CNN 或 RNN 等基本的神经网络搭建而成，单纯的 DNN 和 CNN 对时序数据上下文相关性的学习能力较差，而 LSTM 虽然有优秀的时序数据处理能力，但是必须等上一时刻数据处理完后，才能开始处理处理下一时刻的数据，无法并行计算，特别是在处理高维度数据时，LSTM 的劣势就显得尤其突出。语音信号作为典型的时序数据，语音同一帧内相邻谐波之间和语音相邻帧之间都具有较强的相关性，因此，如何增强深层神经网络对时序语音数据帧间相关性的学习能力，将作为本章的研究重点。另外，语音在时域的波形和在频域的频谱分别包含不同的声学特征，如何让基于时域波形建模的模型学习到语音时域和频域的非线性声学特征，也将成为本章的研究重点。

6.1　时间卷积网络结构

受 WaveNet 和 Bai 等提出的时序模型启发，结合语音频带扩展任务，本章节提出了一种新的时间卷积网络（Temporal Convolutional Network，TCN）结构。网络由具有瓶颈残差结构的扩张因果卷积神经网络组成。

6.1.1　扩张因果卷积

扩张因果卷积神经网络首次由 Oord 等人提出并成功应用于语音合成领域。扩张因果卷积属于自回归神经网络，神经网络输出的每个语音采样点都是以输入的所有语音采样点为条件，因此扩张因果卷积能够学习到语音的帧间依赖性。并且，扩张因果卷积神经网络对硬件和计算的要求并不高，具有较好的实时性，能生成高清晰度和自然度的语音信号。

扩张因果卷积网络的灵感来源于 PixelCNN，扩张因果卷积的主要成分是因果卷积，通过多层因果卷积层堆叠，每个输出语音样本会尽可能多地记忆输入语音样本数据，包含 2 层隐藏层的因果卷积神经网络如图 6.1 所示，当卷积核大小为 2 时，第一层的每个隐藏单元能记忆 2 个输入语音采样点信息，第二层的每个隐藏层单元能记忆 4 个输入语音采样点信息，而第三层输出能记忆 6 个输入语音采样点信息。网络输出和输入具有相同时间维度的数据，不包含任何的池化层。

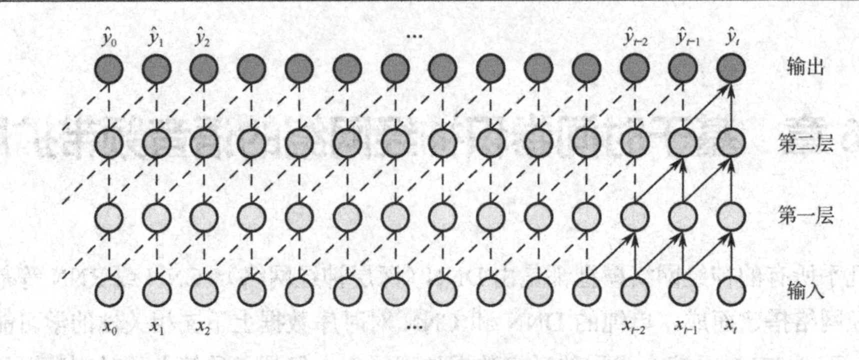

图 6.1　因果卷积神经网络

因为处理的语音是一维数据，模型卷积类型采用一维卷积神经网络，一维卷积结构如图 6.2 所示，带有“Data”的矩形代表一批数据，带有“K”的矩形代表卷积核，卷积核也是一维，在数据的时间维度进行单方向移动，采用一维卷积降低了训练和推理的计算复杂度，可以并行计算，通常因果卷积比 RNN 训练得更快，特别是当训练序列较长时。但是因果卷积的感受野依赖于神经网络层数，或者更大的卷积核。但是神经网络层数越深，深层的潜层特征对数据的表征能力越弱，导致模型对数据不敏感，当有不同类型的数据输入模型进行训练时，容易产生相似的表征效果，而且层数越深，也会直接导致计算量和模型复杂度增加。另外，更大的卷积核并不意味着更好的特征提取效果，语音信号是帧间关联的信号，当卷积核的长度超过上下文关联的长度时，容易造成性能浪费或者负面影响。

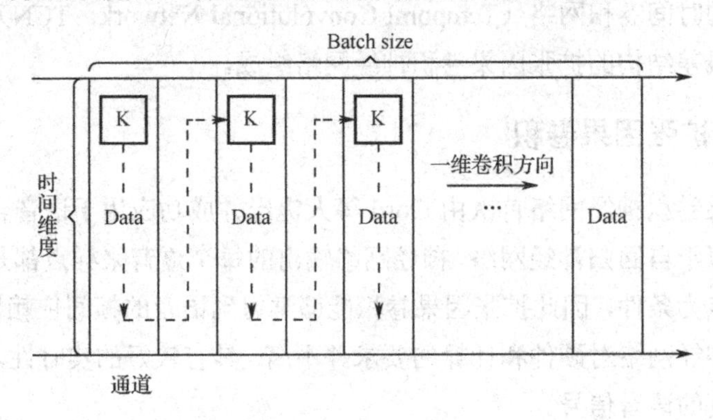

图 6.2　一维卷积结构

扩张卷积也称为空洞卷积，结构如图 6.3 所示，是一种通过在卷积核中添加空洞来增加感受野的卷积神经网络，等价于用 0 填充空洞来增加感受野。扩张卷积类似于池化或步幅跳跃卷积，但是扩张卷积的输出和输入大小相等。当扩张因子等于 1 时，扩张卷积变得和普通卷积一样。扩张卷积能保证模型在不增加额外计算量的情况下，帮助滤波器获得更大的感受野。

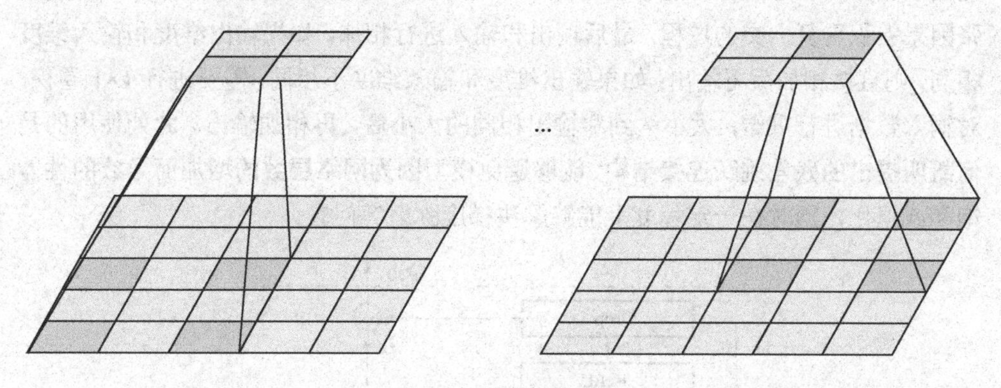

图 6.3　扩张卷积结构

图 6.4 展示了扩张因子 d 为 1、2 和 4 时的扩张因果卷积神经网络，卷积核大小为 $k=3$，步幅为 1，无填充，由图可知，第一层神经单元的感受野是 3，学习 x_0、x_1 和 x_2 3 个语音采样点数据。第二层神经单元的感受野为 7，能够学习 $x_0 \sim x_6$ 个语音采样点数据。输出层神经单元，感受野为 15，能够记忆到 $x_0 \sim x_{14}$ 语音采样点间的信息。可见，随着神经网络层数的增加，感受野变大的速度明显快于因果卷积神经网络。

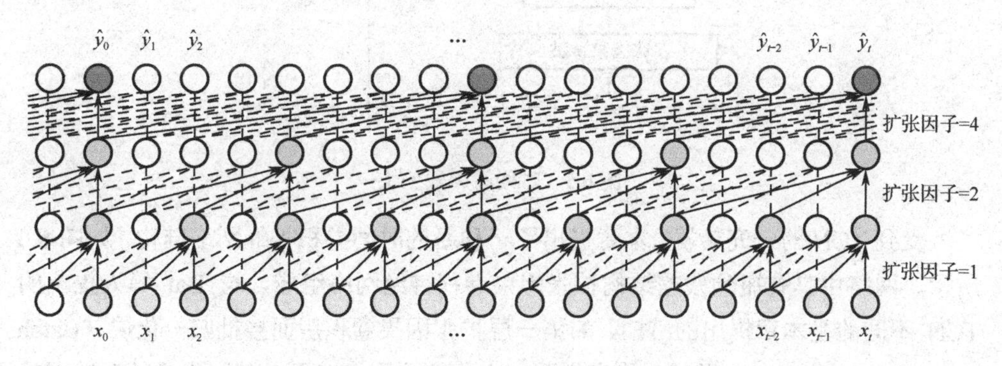

图 6.4　扩张因果卷积神经网络

6.1.2　时间卷积网络

时间卷积神经网络（TCN）首次由 Bai 等人提出，扩张因子为 d，滤波器数为 k 的时间卷积块如图 6.5 所示，时间卷积块主要由两层具有相同扩张因子和滤波器大小的扩张因果卷积组成，输入时间卷积块的数据首先经过第一层扩张因果卷积层，然后使用 WeightNorm 在权值参数的维度上进行归一化，接着使用 ReLU 激活函数添加非线性因子，再使用 Dropout 在训练阶段删除部分神经元，做部分的减枝，能大大减少训练时间并且能够避免模型在训练过程中出现过拟合的现象。第二层扩张因果卷积重复上文的过程，最后输出和输入进行相加，如果输出维度和输入维度相同，则直接相加后再输出；如果输出维度和输入维度不相同，需要进行 1×1 卷积，对输入数据进行重塑，大小达到和输出相同的大小后，再相加输出。此处使用的是何凯明提出的残差跳跃连接结构，能够避免模型因为网络层数的增加而导致的性能饱和或退化，同时在一定程度上能够解决梯度弥散等问题。

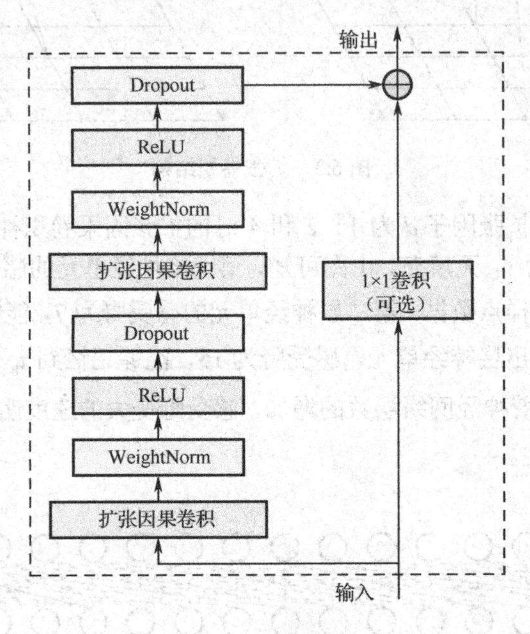

图 6.5　时间卷积残差块

受到 TCN 的研究启发，本章提出了一种新的时间卷积神经网络结构，如图 6.6 所示，网络由具有瓶颈残差结构扩张因果卷积神经网络组成，与 Bai 等人提出的 TCN 不同的是本章提出的 TCN 的第一层扩张因果卷积后面接批归一化层（Batch Normalization，BN），批归一化和权重归一化的不同点在于批归一化是针对数据特征单个维度分布进行归一化，而权重归一化是基于模型权重的归一化。批归一化能够增强模型的健壮性，并且能够避免模型过拟合。然后数据输入 Leaky ReLU 激活函数，因为本研究为语音频带扩展任务，研究对象为时域语音波形，语音波形的幅度在大于 0 和小于 0 的区间都存在有效值，而 ReLU 激活函数在横坐标下小于 0 处的值为 0，如果使用 ReLU 激活函数，小于 0 区间的特征都会被忽略，并且 ReLU 激活函数不是以 0 值为中心对称的函数，在训练过程中容易导致神经元“死掉”。ReLU 和 Leaky ReLU 的激活函数的曲线可以查看图 6.3，这里不再赘述。

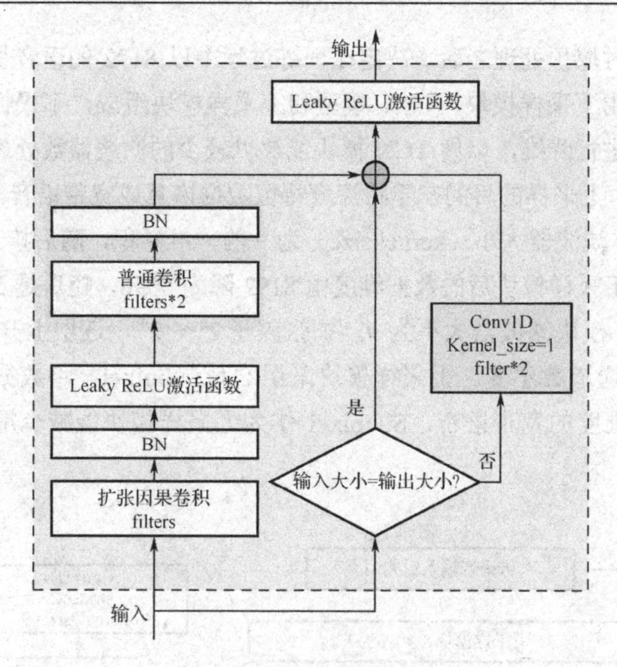

图 6.6　时间卷积神经网络

不同于原 TCN 结构，本章提出的 TCN 结构在第二层使用的是普通一维卷积，并且滤波器数是第一层扩张因果卷积滤波器数的 2 倍，使用普通一维卷积的目的在于更高效地利用第一层学习到的序列信息。在扩张因果卷积中虽然通过增加空洞大大地增加了感受野，但是空洞部分并不提取语音序列信息，这就意味着牺牲了部分数据，被牺牲的数据没有被利用，导致信息缺失影响网络生成的重构宽带语音。因此本章仅使用一层扩张因果卷积来扩大感受野，然后使用另外一层普通卷积对时序特征做进一步的学习。在第二层普通一维卷积中滤波器数是第一层扩张因果卷积滤波器数 2 倍的原因在于，期望在第一层和第二层之间构建一个瓶颈结构，有利于模型控制随着层数的增加而产生的庞大参数量，并且能减少训练压力。

一维普通卷积之后使用批归一化，和原 TCN 一样，如果第二层卷积神经网络的输出大小和输入大小相等，则直接相加。如果不相等，输入需要经过一个1×1的一维卷积进行重塑大小。瓶颈残差结构的第二个激活函数使用在输入和输出相加后。

6.2　基于 TCN 的语音频带扩展

6.2.1　模型架构

基于时间卷积神经网络的语音频带扩展框图如图 6.7 所示，训练数据是时域语音波形，经过时域预处理之后，决定在训练过程中以 8192 的语音长度输入模型进行训练，模型由下采样模块、TCN 模型和上采样模块组成，下采样的目的在于对高维语音数据进行降维，以便 TCN 模块能够以较少的滤波器数处理数据，从而减少模型参数量。上采样的目的在于将深度特征数据恢复成宽带语音。下采样模块是一层步幅为 2，滤波器大小（kernel size）为 9 的一维卷积，随后接 Leaky ReLU 激活函数。经过下采样模块后的数据维度由 8192 降为 4096，随后是 5 层 TCN 模块，每一层的 TCN 模块滤波器大小为 9，扩张因子 $2^0 \sim 2^4$，逐层上升 2 倍，TCN 保持速度维度和通道数不变。上采样模块采用的是 subpixel，将数据 2 倍上采样，恢复成 8192 维度的宽带语音，Subpixel 作为上采样模块能减少重构宽带语音的伪影。

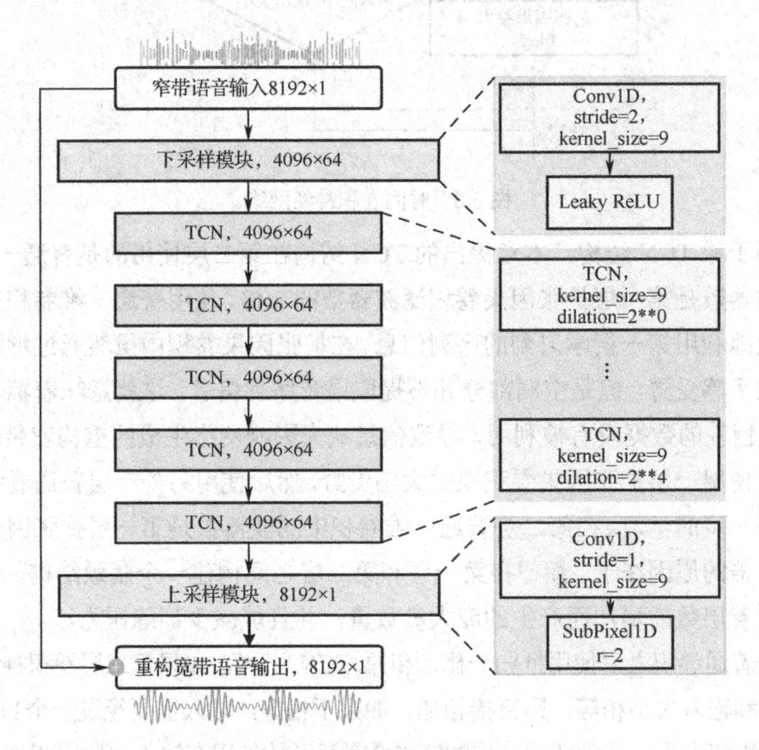

图 6.7　基于时间卷积神经网络的语音频带扩展框图

Leaky ReLU 激活函数的负轴斜率统一设置为 0.2，鉴于模型权重参数初始化对模型训练和收敛的重要性，实验对比了 Random Normal、Xavier、Orthogonal 和 Variance Scaling 四种权重初始化方法，发现在下采样模块和 TCN 模块使用 Orthogonal 能够生成更高质量的重构宽带语音，但是在上采样模块，使用的是均值为 0、方差为1×10^{-3}的正态分布初始化，因为上采样模块的输出需要和输入窄带语音进行相加，由于窄带语音的低频部分和模型输出重构宽带语音的低频部分完全一致，因此模型只需要将主要的参数去学习缺失的高频部分信息即可。方差设置得很小的原因在于不希望模型对原始输入低频部分做过多的改变，将训练的主要方向迁移到高频部分。

6.2.2　时频损失

语音频带扩展任务也称为语音超分辨率，因为在时域上语音频带扩展是提高语音的采样率，在频域上语音频带扩展是扩大语音的带宽。这两种语音频带扩展的目的都旨在恢复窄带语音缺失的高频部分，提升语音质量，但取得的结果却不尽相同。时域方法能够产生更加精确的语音波形，而频域方法能产生更加完整的频谱。本研究的对象是时域语音，如果基于语音波形采样点级别构建目标函数，虽然能够得到较为客观的时域波形，但是必然很难学习到缺失的语音高频信息。考虑到时域的计算通过傅里叶变换是可微的，为了能够让基于时域波形建模的神经网络模型能够生成更加完整且精确的频谱，本章提出了时频损失函数，以便促进模型能朝更加精确的时域波形和更加完整的频域频谱两个方向同时训练和优化。

时频损失函数结构如图 6.8 所示，时频损失函数由时域子损失函数和频域子损失函数相加而成。时域子损失函数求的是重构宽带语音和标签宽带语音之间的波形采样点距离，频域子损失函数求的是重构宽带语音和标签宽带语音经过帧长为256、帧移为 128 短时傅里叶变换后的频谱距离。

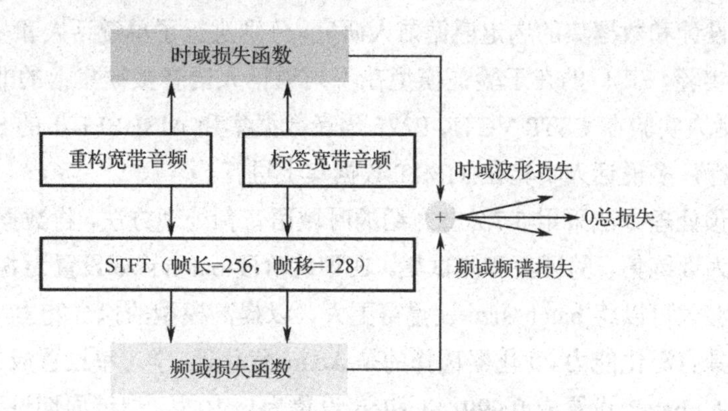

图 6.8　时频损失函数结构示意图

时域损失设置为宽带音频 y 和重构宽带音频 $\hat{y}$ 之间的均方根误差（RMSE），因为 RMSE 对特大或特小误差非常敏感，能够更好地学习到重构宽带语音和宽带语音之间的非线性映射关系，时域子损失函数定义如下：

$$\text{Loss}_{\text{T}}(y,\hat{y})=\sqrt{\frac{1}{N}\sum_{n=1}^{N}(\hat{y}(n)-y(n))^2} \tag{6.1}$$

式中，n为当前帧的采样点索引，N为语音总帧数。

频域损失使用 MAE 是因为 MAE 能更好地反映重构宽带语音频谱误差的实际情况，设置为y和$\hat{y}$分别经过短时傅里叶变换（STFT）得到的频谱振幅S和$\hat{S}$之间的平均绝对值误差（Mean Absolute Error，MAE）：

$$\text{Loss}_{\text{F}}(S,\hat{S})=\frac{1}{MK}\sum_{m=1}^{M}\sum_{k=1}^{K}\|\hat{S}(m,k)|-|S(m,k)\| \tag{6.2}$$

式中，m和k分别表示音频帧数和频率的索引，M和K分别表示语音频点数和总帧数。进行 STFT 变换时，使用的是窗长为 256 的汉明窗，帧移为 128，FFT 长度为 256。

最后将时域损失Loss_{T}和频域损失Loss_{F}线性组合，得到时频损失：

$$\text{Loss}_{\text{TF}}=\alpha\text{Loss}_{\text{T}}+(1-\alpha)\text{Loss}_{\text{F}} \tag{6.3}$$

式中，α等于 0.85，是通过网格搜索得到的最佳值。

6.3 实验设置与分析

6.3.1 实验设置

实验设计和数据集的选定遵循前人研究，分别进行了单说话人和多说话人语音频带扩展实验，其目的在于验证模型在不同说话人语音数据集上的非线性拟合能力，单说话人实验在 CSTR VCTK-P225 语音数据集和 AISHELL-1 的 S0002 语音数据集上进行，多说话人实验在 TIMIT 数据集上进行。

数据预处理方法采用 5.7.2 节介绍的时域语音预处理方法，将数据集按 6∶2∶2 的比例分为训练集、验证集和测试集。在训练阶段 batch size 设置为 64，如果 GPU 的显存足够大可以将 batch size 设置得更大，以提高模型的拟合能力，训练出的模型也会更具有泛化能力。优化器选择的是 Adam 优化器，学习率设置成3×10^{-4}，beta1 设置为 0.9，beta2 设置成 0.999，epsilon 设置为1×10^{-8}，训练周期设置为 300，直到模型收敛，损失函数不再明显下降。

训练模型的具体硬件设备为英伟达的 GeForce GTX 2080 TI 显卡，显卡内存为 11GB，CPU 为 AMD 的锐龙 5 系列 3600X，3.8GHz 主频，六核 12 线程，内存为镁光英睿达 8GB+8GB 组双通道，内存频率为 3200MHz，硬盘使用的是海康威视的 1TB 固态硬盘。

6.3.2　实验结果与分析

为了验证本章提出的基于新型 TCN 结构语音频带扩展方法性能，同时复现了三次样条插值（Spline）、Bachhav 等人的 GMM 语音频带扩展方法、Li 等人提出的 DNN 语音频带扩展方法以及 Kuleshov 等人提出的 CNN 语音频带扩展方法。将本章提出方法生成的重构宽带语音和其他对比方法生成的重构宽带语音进行主客观评价实验，主观评价实验采用的度量指标是 MOS 得分，客观评价指标是 SNR、LSD 和 STOI；并给出了语谱图对比。

本章提出方法的重构宽带语音和窄带语音以及宽带语音的语谱图对比如图 6.9 所示，在 0～4kHz 频率范围内频谱一样；在 4～8kHz 频率范围内，相比于窄带语音，重构宽带语音的高频频谱的结构、能量和纹理得到了大量的修复，细节纹理和宽带语音的相似度极高，在能量方面还有细微可提升的地方。值得注意的是，在窄带频谱和高频频谱之间，过渡段频谱平滑无裂缝，与宽度语音频谱相似。

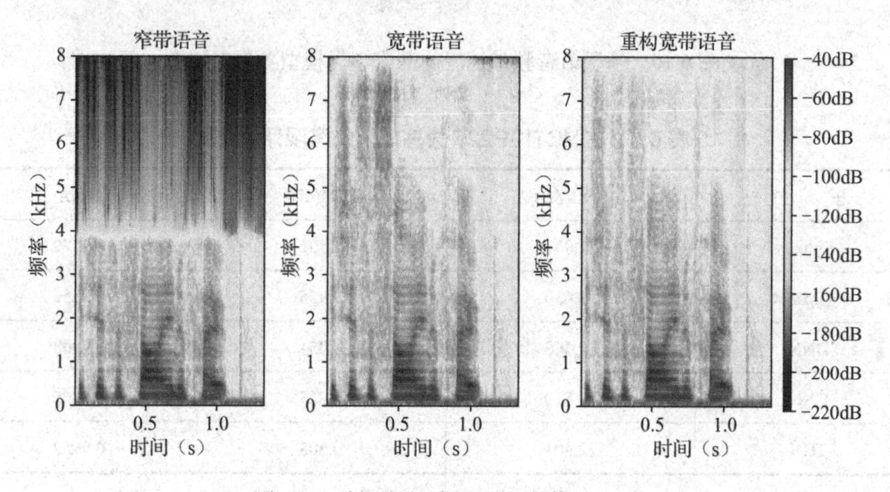

图 6.9　时间卷积神经网络语谱图对比

还对比了基于深度学习的 DNN、CNN 和本章语音频带扩展方法的模型参数，令人惊喜的是，本章提出方法的模型参数与对比模型相比小了两个量级，如图 6.10 所示。并且在 6.3.1 节中介绍的硬件设备下，本章提出的模型能每秒生成 5.33×10^5 个语音样本，能满足于实时场景下的语音频带扩展需求。

表 6.1、表 6.2 和表 6.3 分别展示了在 VCTK-P225、AISHELL-1-S0002 和 TIMIT 数据集上的客观评价实验结果。本章提出的语音频带扩展方法在三个数据集上的 SNR、LSD 和 STOI 度量方法上均取得了更好的结果。在 AISHELL-1-S0002 数据集上的三个度量方法的值较其他两个数据集明显降低，一方面可能是因为

AISHELL-1-S0002 是中文语音数据集，中文发音较为复杂，语音结构较英语更为复杂的原因；另一方面可能是语音采集设备采集的语音质量比不上其他两个数据集的语音，或者模型普遍对中文语音数据集的拟合能力还有待提升。

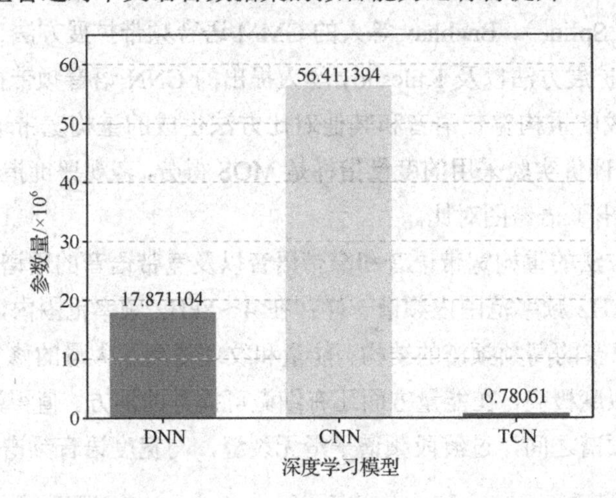

图 6.10　基于语音频带扩展的深度学习模型参数对比图

表 6.1　在 VCTK-P225 数据集上的客观评价结果

模　　型	SNR(dB)	LSD(dB)	STOI
Spline	21.033	3.502	0.9779
GMM	19.430	1.955	0.9856
DNN	19.668	1.054	0.9908
CNN	21.820	1.863	0.9865
TCN	22.401	0.908	0.9952

表 6.2　在 AISHELL-1-S0002 数据集上的客观评价结果

模　　型	SNR(dB)	LSD(dB)	STOI
Spline	15.458	3.783	0.9903
GMM	12.559	0.971	0.9931
DNN	15.388	0.936	0.9989
CNN	15.701	1.657	0.9965
TCN	15.818	0.849	0.9991

表 6.3　在 TIMIT 数据集上的客观评价结果

模　型	SNR(dB)	LSD(dB)	STOI
Spline	15.892	5.458	0.9856
GMM	14.120	2.076	0.9895
DNN	17.524	1.651	0.9968
CNN	17.543	3.568	0.9956
TCN	17.612	1.584	0.9975

表 6.4、表 6.5 和表 6.6 分别展示了在 VCTK-P225、AISHELL-1-S0002 和 TIMIT 数据集上的主观评价实验结果。和客观评价结果一样，本章提出的基于 TCN 的语音频带方法较于其他对比方法，都取得了较好的 MOS 得分，并且主观评价得分和客观评价得分取得了比较一致的结果，不同模型在不同数据集上的表现符合客观评价结果。

表 6.4　在 VCTK-P225 数据集上的主观评价结果

模　型	MOS
Spline	2.72
GMM	3.43
DNN	3.55
CNN	3.89
TCN	4.12

表 6.5　在 AISHELL-1-S0002 数据集上的主观评价结果

模　型	MOS
Spline	2.21
GMM	2.26
DNN	3.08
CNN	3.27
TCN	3.46

表 6.6　在 TIMIT 数据集上的主观评价结果

模　型	MOS
Spline	2.34
GMM	2.46
DNN	3.20

续表

模　型	MOS
CNN	3.46
TCN	3.83

6.4　本章小结

本章介绍本研究提出的基于时间卷积神经网络的语音频带扩展方法，针对传统的卷积神经网络无法学习时间序列数据上下文关联和RNN训练时序数据效率低等问题，本章提出了一种新的时间卷积神经网络结构，数据能够并行计算并且能够以较少的网络层获得更大的感受野。此外，本章还提出了一种时频损失函数，能够促使时间卷积网络模型从时域和频域两个方向同时训练，拟合出更加完整的时域波形和更加精确的频域频谱。最后将本章提出的方法和其他对比方法进行主观评价和客观评价实验，本章提出的语音频带扩展方法均获得了更好的结果。从语谱图上观察重构宽带语音，重构宽带语音在低频和高频之间的过渡段也十分平滑，恢复了大量的细节频谱。值得一提的是，本章提出的时间卷积神经网络模型，属于轻量级模型，参数量很少，并且能够实时运行。

参考文献

[1] Cohen I. Relaxed statistical model for speech enhancement and a priori SNR estimation[J]. IEEE Transactions on Speech and Audio Processing, 2005, 13 (5): 870-881.

[2] Zavarehei E, Vaseghi S, Yan Q. Noisy speech enhancement using harmonic noise model and codebook-based post-processing[J]. IEEE Transactions on Audio, Speech, and Language Processing, 2007, 15 (4): 1194-1203.

[3] Gupta A, Shillingford B, Assael Y, et al. Speech bandwidth extension with WaveNet[C]//IEEE Workshop on Applications of Signal Processing to Audio and Acoustics, 2019: 205-208.

[4] Oord A V D, Dieleman S, Zen H, et al. Wavenet: A generative model for raw audio[J]. IEEE Transactions on Audio, Speech, and Language Processing, 2016, 9 (8): 102-117.

[5] Oord A, Li Y, Babuschkin I, et al. Parallel wavenet: fast high-fidelity speech synthesis[C]//International Conference on Machine Learning, 2018: 3918-3926.

[6] Oord A V D, Kalchbrenner N, Vinyals O, et al. Conditional image generation with pixelcnn decoders[C]//30th International Conference on Neural Information Processing Systems, 2016: 4797-4805.

[7] Bai S, Kolter J Z, Koltun V. An empirical evaluation of generic convolutional and recurrent networks for sequence modeling[J]. IEEE Transactions on Audio, Speech, and Language Processing, 2018, 45 (6): 33-45.

[8] Salimans T, Kingma D P. Weight normalization: a simple reparameterization to accelerate training of deep neural networks[J]. Advances in neural information processing systems, 2016, 29 (12): 901-909.

[9] He K, Zhang X, Ren S, et al. Deep residual learning for image recognition [C]//Proceedings of the IEEE conference on computer vision and pattern recognition, 2016: 770-778.

[10] Ioffe S, Szegedy C. Batch normalization: Accelerating deep network training by reducing internal covariate shift[C]//International conference on machine learning, 2015: 448-456.

[11] Shi W, Caballero J, Huszár F, et al. Real time single image and video super resolution using an efficient subpixel convolutional neural network[C]//Proceedings of the IEEE conference on computer vision and pattern recognition, 2016: 1874-1883.

[12] Odena A, Dumoulin V, Olah C. Deconvolution and checkerboard artifacts[J]. Distill, 2016, 1 (10): 3-16.

[13] Glorot X, Bengio Y. Understanding the difficulty of training deep feedforward neural networks[C]//Proceedings of the thirteenth international conference on artificial intelligence and statistics, 2010: 249-256.

[14] Saxe A M, Mcclelland J L, Ganguli S. Exact solutions to the nonlinear dynamics of learning in deep linear neural networks[C]//International Conference on Learning Representations, 2014: 3124-3139.

[15] He K, Zhang X, Ren S, et al. Delving deep into rectifiers: Surpassing human level performance on imagenet classification[C]//Proceedings of the IEEE international conference on computer vision, 2015: 1026-1034.

[16] Lim W, Beack S, Sung J, et al. Performance analysis of audio super.resolution based on neural networks[C]//Proceedings of the Korean Society of Broadcast Engineers

Conference, 2020: 337-339.

[17] Kuleshov V, Enam S Z, Ermon S. Audio super resolution using neural networks[C]//International Conference on Learning Representations (ICLR), 2017: 2063-2069.

[18] Abel J, Strake M, Fingscheidt T. A simple cepstral domain DNN approach to artificial speech bandwidth extension[C]//IEEE International Conference on Acoustics, Speech and Signal Processing, 2018: 5469-5473.

[19] Li S, Villette S, Ramadas P, et al. Speech bandwidth extension using generative adversarial networks[C]//IEEE International Conference on Acoustics, Speech and Signal Processing, 2018: 5029-5033.

[20] Wang H, Wang D. Time frequency loss for CNN-based speech super resolution[C]//2020 IEEE International Conference on Acoustics, Speech and Signal Processing (ICASSP), 2020: 861-865.

[21] Bachhav P, Todisco M, Evans N. Exploiting explicit memory inclusion for artificial bandwidth extension[C]//2018 IEEE International Conference on Acoustics, Speech and Signal Processing (ICASSP), 2018: 5459-5463.

[22] Li K, Huang Z, Xu Y, et al. DNN-based speech bandwidth expansion and its application to adding high frequency missing features for automatic speech recognition of narrowband speech[C]//16th Annual Conference of the International Speech Communication Association, 2015: 2578-2582.

第 7 章　基于编解码器网络的语音频带扩展

深层神经网络模型训练时域语音波形，模型总是庞大且复杂的，这样一来很难实时运行，特别是在硬件性能不足的终端设备上。想要使用神经网络训练时域波形，并且降低算法复杂度，有两种方法，第一种采用语音长度更短的时域语音波形，第二种让神经网络对数据进行降维。如果采用第一种方法，较短的语音数据很难具有表征性，模型容易欠拟合或者过拟合，模型无法从较短的语音波形中学习其声学特征或者窄带到宽带语音之间的映射关系，即便学好，模型的拟合能力也不会很好。因此基于时域的语音频带扩展研究普遍采用第二种方法，即对数据进行降维，如步幅为 2 的卷积神经网络就能减少一半的语音长度。但是模型的降维是会损失信息的，如果一次性降低的维度过大，很容易丢失大量的信息，影响宽带语音生成的质量，因此如何在利用深度学习模型对数据特征进行降维的同时还能尽量少地丢失信息，将作为研究重点。

7.1　编解码器网络模型

本章提出了一种基于编解码网络的语音频带扩展方法，解决了因为数据维度过高导致模型庞大问题，并且成功应用上了 LSTM，解决了 LSTM 训练效率低等问题。本章提出的编解码器网络的语音频带扩展结构由编码器、瓶颈层和解码器组成，结构如图 7.1 所示。编码器由若干个编码块组成，瓶颈层由 2 层 LSTM 组成，解码器由若干个解码块组成。编码器负责对窄带语音进行特征提取并且逐层进行数据降维，瓶颈层负责学习时序特征数据的上下文依赖关系，解码器负责宽带语音的恢复并且逐层上采样进行数据的升维。为了加快模型收敛，节省训练时间，本研究将解码器中的解码块 Decoder_block_(*i*)的输入为上一层的输出加上编码器中编码块 Encode_block_(L-*i*+1)的输出，组成了残差结构，这样，模型中的深度特征能重复利用，减少了信息丢失，并且能促使模型将有限的计算资源专注于学习残差部分。

编码器由 5 层编码块组成，窄带语音作为模型的输入，在训练时的维度大小为（batch_size，input_size，channel），batch_size 是批大小，input_size 是窄带语音的时间长度，这里 input_size 为 8192，channel 为通道数，这里的 channel 为 1。编码块负责将窄带语音的输入长度减少，并且增加通道数。编码器中的每层编码块都由一维卷积、LeakyReLU 激活函数、一维 1×1 卷积和门控线性单元（Gated Linear Units，GLU）[1]顺序堆叠组成。图 7.1 中的 C_in 为输入通道数，C_out 为输出通道数，K 为滤波器大小，S 为步幅大小。GLU 定义如下：

$$h_l(X) = (XW + b)\delta(XV + c) \tag{7.1}$$

式中，δ 为 sigmoid 非线性激活函数，W 和 V 是不同的卷积核，b 和 c 是偏置项，GLU 能够选择 $(XW + b)$ 中的一些数据传入下一层。

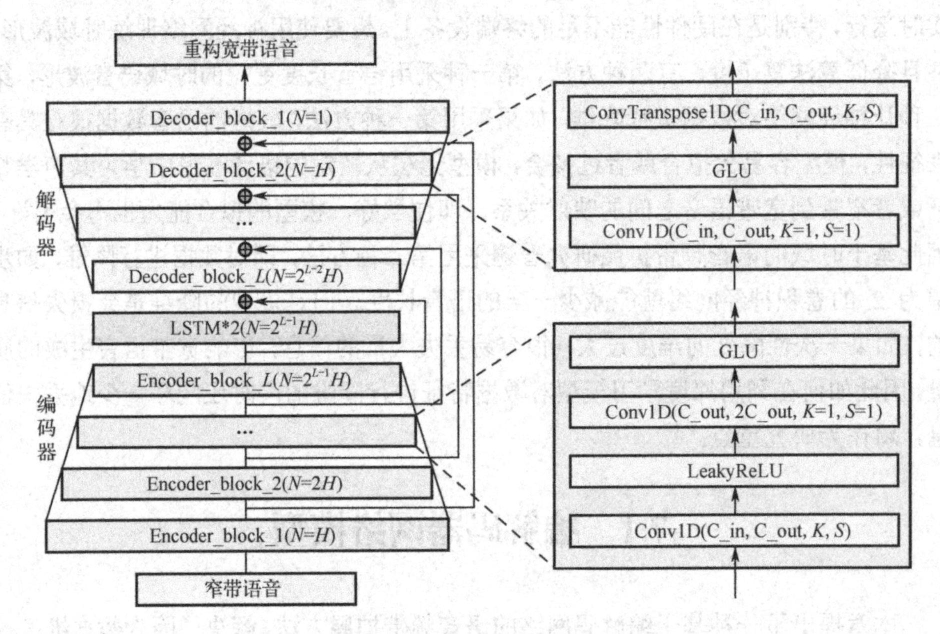

图 7.1　基于编解码器网络的语音频带扩展结构

经过编码器的 5 次降维，输入长度减少了 S^L 倍，其中的 S 为卷积步幅，设置为 2；L 为编码块数，设置为 5。模型的输入是长度为 8192 的窄带语音，所以最后一层编码块输出的特征长度为 256。瓶颈层使用 2 层 LSTM，有利于网络学习时序特征之间的上下文依赖关系，这里的 LSTM 并不会增加模型的计算时间，因为编码器已经将高维窄带输入降低到一个很低的维度。

解码块和编码块具有相同的数量，解码器由 5 层解码块组成，因为宽带语音的长度为 8192，而瓶颈特征的数据长度为 256，所以编码块需要将低维度的特征数据进行上采样，增加特征长度，并且降低通道数。本章使用的编码块由一维 1×1 卷积、GLU 激活函数和一维转置卷积顺序堆叠组成。

7.2 时频感知损失函数

本章在时频损失函数的基础上做了改进，提出了时频感知损失函数，期望模型在时域、频域和感知域三个方向同时训练深度学习模型，感知域体现在人耳对语音的听觉感受上面。本章提出的时频感知损失函数由时域子损失函数和频域感知子损失函数组成，时频感知损失函数训练的编解码网络能够生成更高信噪比的波形和更低对数谱距离的频谱，并且能进一步地提升编解码器网络生成重构宽带语音的听觉感受。

时频感知损失函数的时域子损失函数定义为重构宽带语音和带宽语音波形采样点之间的 RMSE，如下式所示：

$$\mathrm{Loss_T}(y,\hat{y})=\sqrt{\frac{1}{N}\sum_{n=1}^{N}(\hat{y}(n)-y(n))^2} \tag{7.2}$$

式中，y 为宽带语音帧，$\hat{y}$ 为模型输出的重构宽带语音帧，n 为当前帧的采样点索引，N 为帧长。

时频感知损失函数的频域子损失函数定义为重构宽带语音的对数梅尔频谱和宽带语音的对数梅尔频谱之间的 RMSE，对数梅尔频谱经过傅里叶变换，属于频域特征，而且对数梅尔频谱属于梅尔频率特征，梅尔频率刻度是用来拟合人耳对声音频率的感知刻度，因此梅尔频率也称为感知频率。频率转梅尔频率曲线图如图 7.2 所示。

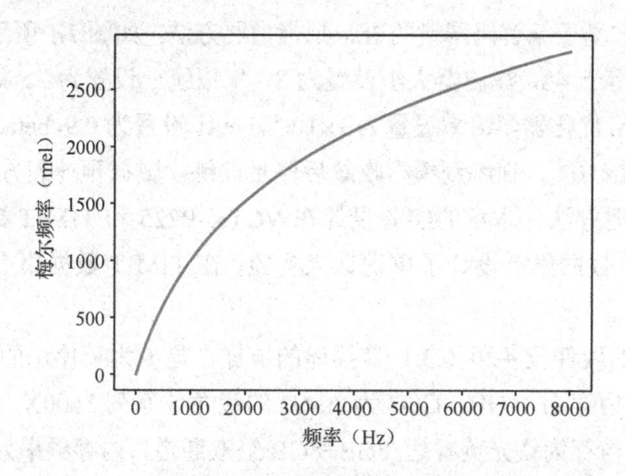

图 7.2 频率转梅尔频率曲线图

之所以对梅尔频率取对数，因为经过傅里叶变换后的频谱振幅太小很难区分，对于损失函数来说求得的误差也会很小。而取对数后频谱振幅增大，一些微小的细节被突出，更加易于模型发现不同点，便于训练。频域感知子损失函数的定义为

$$\text{Loss}_{\text{F}}(y,\hat{y})=\sqrt{\frac{1}{MK}\sum_{m=1}^{M}\sum_{k=1}^{K}(\text{LMS}(\hat{y})-\text{LMS}(y))^2} \tag{7.3}$$

式中，M 和 K 分别代表梅尔滤波器组数和帧长，m 和 k 则是梅尔滤波器组和语音帧采样点的索引。

感知域子损失使用的是 Pranay 等人提出的可区分感知音频度量（Differentiable Perceptual Audio Metric，DPAM），DPAM 是使用一个大型的人类判断数据集训练神经网络构造的度量函数，该数据集的受试者会被问一个非常简单且客观的问题：两段录音相同吗？其中一段为纯净录音，另一段包含噪声、混响或压缩伪影。因此 DPAM 具有非常高的人类对声音的感知特性，且具有较高感知辨别能力，非常适合用来作为感知域损失函数，感知域子损失函数定义为

$$\text{Loss}_{\text{P}}(y,\hat{y})=\text{DPAM}(\hat{y},y) \tag{7.4}$$

综上，时频感知损失定义为

$$\text{Loss}_{\text{TFP}}=\text{Loss}_{\text{T}}+0.001\times\text{Loss}_{\text{F}}+\text{Loss}_{\text{P}} \tag{7.5}$$

7.3 实验设置与分析

7.3.1 实验设置

本章提出的基于编解码网络的语音频带扩展方法，如图 7.1 所示的第一层编码块的通道数 H 等于 48，滤波器大小设置为 8，步幅统一设置为 2。模型训练选择的优化器是 Adam，优化器学习率设置为 3×10^{-4}，beta1 设置为 0.9，beta2 设置成 0.999，epsilon 设置为 1×10^{-8}，训练到模型收敛后停止训练，数据预处理方法采用 6.3.2 描述的时域预处理方法，本章的实验设计在 VCTK-P225 和 TIMIT 数据集上进行，在 VCTK-P225 数据集上设计了单说话人实验，在 TIMIT 数据集上设计了多说话人实验。

训练模型的硬件设备和 6.3.1 节描述的一样，显卡为英伟达的 GeForce GTX 2080 TI，显卡内存为 11GB，CPU 为 AMD 的锐龙 5 系列 3600X，3.8GHz 主频，六核 12 线程，内存为镁光英睿达 8GB+8GB 组双通道，内存频率为 3200MHz，硬盘使用的是海康威视的 1TB 固态硬盘。

为了验证本章提出的基于编解码网络（CodecNet）的语音频带扩展方法性能，

复现了三次样条插值（Spline）方法、GMM 方法、DNN 方法以及 CNN 方法的语音频带扩展系统。首先将编解码网络生成的重构宽带语音和窄带语音以及宽带语音的语谱图进行了对比，然后在测试语音数据集上进行了主观评价和客观评价实验，主观评价实验采用的度量指标是 MOS 得分，客观评价指标采用的是 SNR、LSD 和 STOI。

7.3.2　语谱图

语谱图对比如图 7.3 所示，重构宽带语音的频谱和宽带语音的频谱具有很高的相似度，随着频率的提升，频谱信息量越大，恢复的难度也随之增大。本章提出模型的重构宽带语音频谱和宽带语音低频频谱部分一样，随着频率越高，重构宽带语音的频谱开始出现不同，但总体来说，在能量、频谱条纹以及具体结构方面恢复得不错。在高频频谱部分，重构宽带语音的频谱细节还存在少量的丢失，并且频谱过于平滑，呈现模糊，但是在 4kHz 频率的频谱过渡衔接自然，没有出现不连续的情况。

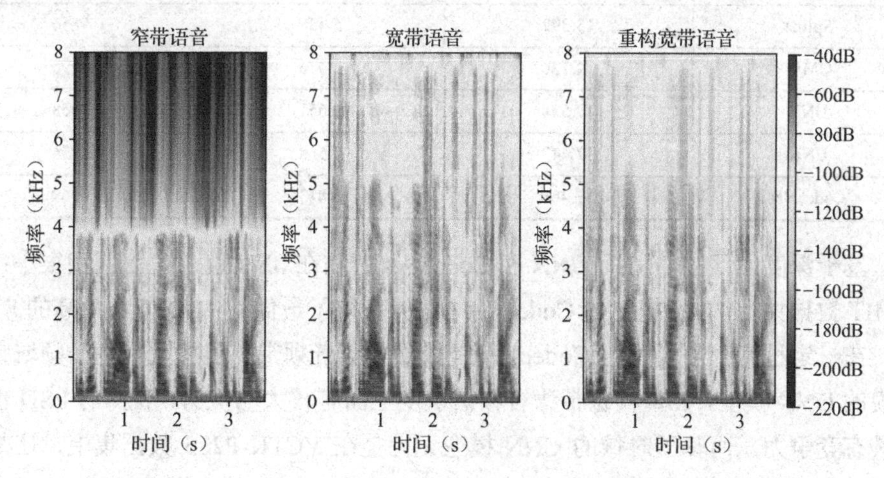

图 7.3　编解码网络语谱图对比

7.3.3　客观评价

表 7.1 展示了本章提出的语音频带扩展模型和其他对比方法在 VCTK-P225 数据集上的客观评价结果，在表 7.1 中编解码器模型的 SNR 值取得最高。在 LSD 度量方法上 DNN 方法取得了最低值，但本章提出的 CodecNet 模型的 LSD 比 DNN 仅低 0.074dB，相差无几。DNN 的 STOI 得分也是最高值，但本章提出的 CodecNet 模型的 STOI 值比 DNN 低 0.005，差距也很小。

表 7.1 在 VCTK-P225 数据集上的客观评价结果

模　型	SNR(dB)	LSD(dB)	STOI
Spline	21.033	3.502	0.9779
GMM	19.430	1.955	0.9856
DNN	19.668	1.054	0.9908
CNN	21.820	1.863	0.9865
CodecNet	22.301	1.128	0.9858

表 7.2 展示了本章提出的语音频带扩展模型和其他对比方法在 TIMIT 数据集上的客观评价结果，其中 SNR 度量方法：DNN > CodecNet > CNN > Spline > GMM；LSD 度量方法：CodecNet < DNN < GMM < CNN < Spline；STOI 度量方法：CodecNet > DNN > CNN > GMM > Spline。

表 7.2 在 TIMIT 数据集上的客观评价结果

模　型	SNR(dB)	LSD(dB)	STOI
Spline	15.892	5.458	0.9856
GMM	14.120	2.076	0.9895
DNN	17.524	1.651	0.9968
CNN	17.443	3.568	0.9956
CodecNet	17.466	0.813	0.9969

基于深度学习的 DNN、CNN 和 CodecNet 方法在 SNR 度量值上区别很小；在 TIMIT 数据集上，本章提出的 CodecNet 模型，获得了最低的 LSD 值和最高的 STOI 值，在一定程度上需要肯定 CodecNet 是成功的语音频带扩展模型。基于频域频谱建模的 DNN 模型，在重构宽带语音频谱恢复上面有较大的优势，获得的 LSD 也非常具有竞争力，而基于时域的 CNN 模型无论是在 VCTK-P225 数据集上，还是在 TIMIT 数据集上获得的 LSD 都是最大的，显然 Kuleshov 等人提出的 CNN 模型没有学好窄带语音到宽带语音之间的非线性映射关系，不太适合做频谱的恢复。尽管基于 CNN 的语音频带扩展模型重构宽度语音的频谱恢复得不尽人意，但是基于深度学习的语音频带扩展方法在 SNR、LSD 和 STOI 度量方法上的得分都要优于传统的 GMM 和 Spline 语音频带扩展方法。

7.3.4 主观评价

表 7.3 和表 7.4 分别展示了本章提出的语音频带扩展模型和其他对比方法在

VCTK-P225 和 TIMIT 数据集上的主观评价结果，虽然本章提出的方法在两个数据集中的个别客观度量方法上没有取得最优的值，但是在 MOS 得分上，本章提出的方法在 VCTK 和 TIMIT 数据集上都取得了具有较大竞争力的得分。主观评价的得分较符合客观评价的得分，传统方法的主观评价最低，而基于神经网络的 DNN、CNN 和 CodecNet 方法都取得了不相上下的主观评价得分。

表 7.3　在 VCTK-P225 数据集上的主观评价结果

模　型	MOS
Spline	2.72
GMM	3.43
DNN	3.55
CNN	3.89
CodecNet	4.02

表 7.4　在 TIMIT 数据集上的主观评价结果

模　型	MOS
Spline	2.34
GMM	2.46
DNN	3.20
CNN	3.46
CodecNet	3.47

7.4　本章小结

本章提出了一种基于编解码器结构的语音频带扩展方法，在编解码器中间的瓶颈特征层使用 LSTM 来学习语音数据上下文之间的声学特性；另外，还提出了一种时频感知损失函数，能引导模型在时域、频域和感知域学习到更加精确的窄带和宽带语音之间的映射关系。通过主观和客观评价表明，本章提出的方法生成的重构宽带语音具有更高的语音质量。

参考文献

[1] Dauphin Y N, Fan A, Auli M, et al. Language modeling with gated

convolutional networks[C]//International conference on machine learning, 2017: 933-941.

[2] Bachhav P, Todisco M, Evans N. Exploiting explicit memory inclusion for artificial bandwidth extension[C]//2018 IEEE International Conference on Acoustics, Speech and Signal Processing (ICASSP), 2018: 5459-5463.

[3] Li K, Huang Z, Xu Y, et al. DNN-based speech bandwidth expansion and its application to adding high.frequency missing features for automatic speech recognition of narrowband speech[C]//16th Annual Conference of the International Speech Communication Association, 2015: 2578-2582.

[4] Kuleshov V, Enam S Z, Ermon S. Audio super resolution using neural networks[C]//International Conference on Learning Representations (ICLR), 2017: 2063-2069.

[5] Manocha P, Finkelstein A, Jin Z, et al. A differentiable perceptual audio metric learned from just noticeable differences[C]//Interspeech, 2020: 2852-2856.

第 8 章　基于时频感知神经网络的语音频带扩展

第 7 章介绍了基于编解码网络的语音频带扩展方法，虽然能够成功降低神经网络模型在时域语音波形建模的模型复杂度，但是编解码网络对语音波形间的相关性考虑甚少，众所周知，语音是短时平稳信号，且帧间存在较强的相关性，如果模型仅从信号的角度去拟合重构宽带语音，显然是不够的。第 6 章提出的时间卷积网络在学习时域语音波形帧间关联上，取得了较为成功的结果。

除了神经网络模型，目标函数的设计也非常重要。以往语音频带扩展研究设置的损失函数，往往仅考虑到语音单个时域或频域的 L1 或 L2 损失，导致神经网络的训练结果具有偏向性。另外，在时频域相近的语音在感知域不一定能获得相似的听觉感受，语音增强任务中通常在损失函数上添加感知损失，传统的感知损失函数是利用不同任务中预先训练好的模型来提取数据潜在空间的深度特征，然后使用 L1 或 L2 求两个特征之间的距离作为损失函数。该方法提取的深度特征虽然能提升模型的预测性能，但对听觉感知特性研究得很少。

为了在减少模型参数的同时也期望模型能够学习窄带语音中上下文相关性，从而拟合出更加精确的窄带语音到宽带语音间的非线性映射关系，本章将时间卷积网络和编解码网络进行融合，提出了一种基于编解码器结构的神经网络模型用于端到端语音频带扩展，其中编解码器都使用了具有残差结构的时间卷积网络的堆叠结构，该结构提高了神经网络对时序数据上下文依赖关系的学习能力。编码器负责在逐步下采样的过程中提取时域语音的声学特征，解码器则利用编码器学到的特征信息，逐步上采样恢复宽带语音。模型输入为未经任何特征提取的时域窄带语音，交由模型自身去学习和提取有用的数据特征，模型输出为重构宽带语音。同时，为了编码器能提取更加重要的数据特征，在编码器的后面加上了局部敏感哈希自注意力层，促使模型在训练的过程中能给重要特征更高的权重，增加模型对重要特征的注意力，从而恢复更加高质量的重构宽带语音。

为了模型能从时域、频域和感知域三个维度方向同时恢复宽带语音信息，本章提出了一种深度时频感知损失函数，由时域、频域和感知域三个损失函数线性组合而成。能全面且均衡地引导神经网络训练，生成更加真实的宽带语音。时域损失函数能拉动模型朝信号层面上的语音完整性训练，频域损失注重语音频谱层面上的完整性，而感知损失不仅能提高模型输出语音在特征层面上的完整性还能提高在人类听觉感知层面上的完整性。

同时，为了编码器能提取更加重要的数据特征，在编码器的后面加上了局部敏感哈希自注意力层，促使模型在训练的过程中能给重要特征更高的权重，增加模型对重要特征的注意力，从而恢复更加高质量的重构宽带语音。实验结果表明，本章提出的语音频带扩展方法重构宽带语音在主观和客观度量方面均优于其他对比方法。

8.1 编解码器注意力模型

本章提出了一种结合注意力机制的编解码器神经网络模型，如图 8.1 所示。模型由编码器、局部敏感哈希自注意力层和解码器组成。为了充分利用每一层神经网络输出的特征信息，采用相加的形式进行跳跃连接，该操作既得到了和 DenseNet 相似的效果，还规避了像 DenseNet 那样占用大量内存的问题，因此，解码器中每一个解码块 Decoder_block_(*i*)的输入为上一层的输出加上编码器中编码块 Encoder_block_(4-*i*)的输出。

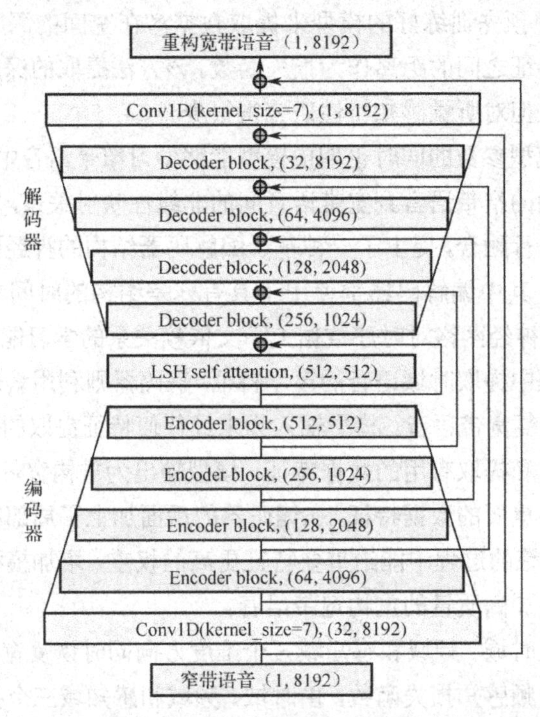

图 8.1　结合注意力机制的编解码器神经网络模型

8.1.1　编码器结构

模型的编码器中编码块的结构如图 8.2 所示，由一层卷积核大小为 7 的一维卷积层和四层编码块顺序堆叠组成。由于训练时模型输入长度为 8192，为了减少计算量和硬件设备内存的占用，每一层编码块都会对数据进行一次下采样，从而达到降维的效果，为了避免在下采样的过程中丢失过多的数据特征，将下采样倍率 S 统一设置为 2。

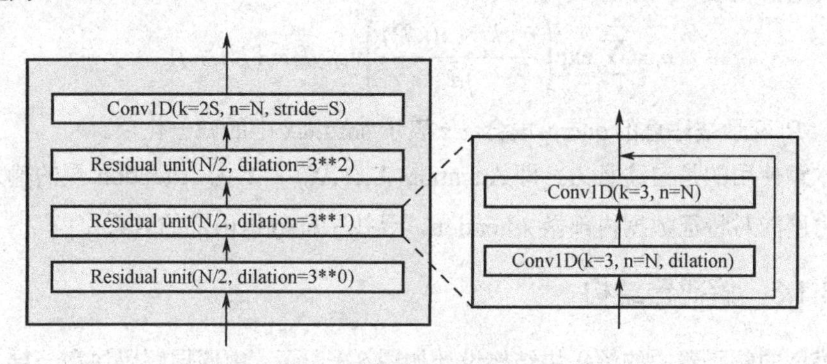

图 8.2　编码器中的编码块结构

编码器中的残差单元是由扩张卷积和普通卷积神经网络组成的时间卷积神经网络结构，因为扩张卷积的卷积核是通过增加空洞来增加感受野的，而空洞部分无法提取数据特征，特征数据在提取的过程中会有一定程度的信息丢失。因此，残差单元设计为两层，第一层使用扩张卷积，用于提取时序数据的上下文依赖关系；第二层使用普通卷积，残差单元的输出等于扩张卷积的输入加上普通卷积层输出。残差单元中的所有层均使用权重归一化，因为它只是对每一层神经网络权重矩阵进行归一化，从而加速模型收敛。不同残差块顺序堆叠时的扩张因子依次设置为 $\text{dilation} = 3^i, i \in [0,1,2]$，组成扩张因果关系，更加有利于模型学习语音数据上下文依赖关系。

8.1.2　局部敏感哈希自注意力层

模型的瓶颈层引入了 Reformer 的局部敏感哈希（Locality Sensitive Hashing，LSH）自注意力机制，Reformer 是在 Transfomer 基础上的改进，其性能和 Transformer 不分伯仲，并且在长序列上有着更高的内存效率和更快的速度。

Transformer 中使用点乘的注意力层表示如下：

$$\text{Attention}(\boldsymbol{Q},\boldsymbol{K},\boldsymbol{V}) = \text{softmax}\left(\frac{\boldsymbol{Q}\boldsymbol{K}^{\mathrm{T}}}{\sqrt{d_k}}\right)\boldsymbol{V} \tag{8.1}$$

式中，$\boldsymbol{Q}$、$\boldsymbol{K}$ 和 $\boldsymbol{V}$ 分别代表 query、key 和 value 组成的矩阵，式（8.1）可以表述为使用 $\boldsymbol{Q}$ 和 $\boldsymbol{K}$ 的相似度作为权重，对所有的 $\boldsymbol{V}$ 进行加权求和，softmax 的结果主要取决于其值最大的部分，如果 q_i 向量距离 k_i 向量越近，权重就越大，得到的注意力就越多。

LSH 注意力通过 hash 函数对向量进行映射，只要附近向量以高概率得到相同的哈希值，而远处的没有，即可找到对位置敏感的最近邻。因此 Attention 对每次 query 位置 i 的公式可以改写为

$$o_i=\sum_{j\in\mathcal{P}_i}\exp\left(\frac{q_i\cdot k_j-z(i,\mathcal{P}_i)}{\sqrt{d_k}}\right)v_j,\quad \mathcal{P}_i=\{j:i\geqslant j\} \tag{8.2}$$

式中，$\mathcal{P}_i$ 表示被注意的 query_i 集合，z 表示 softmax 中的归一化项。

本章使用的是自注意力，即 $\text{Attention}(X,X,X)$，X 为 Attention 层的输入，自注意力层能对特征数据内部做 Attention，寻找特征数据内部的联系。

8.1.3 解码器结构

模型的解码器中的解码块结构设计如图 8.3 所示，由四层解码块和一层卷积核大小为 7 的一维卷积层顺序堆叠组成。为了将编码器和局部敏感哈希自注意力层提取的特征恢复成宽带语音，每一层解码块都会对数据进行一次上采样。为了减少解码器恢复数据的压力，恢复更注重细节的语音，将上采样倍率 S 统一设置为 2。

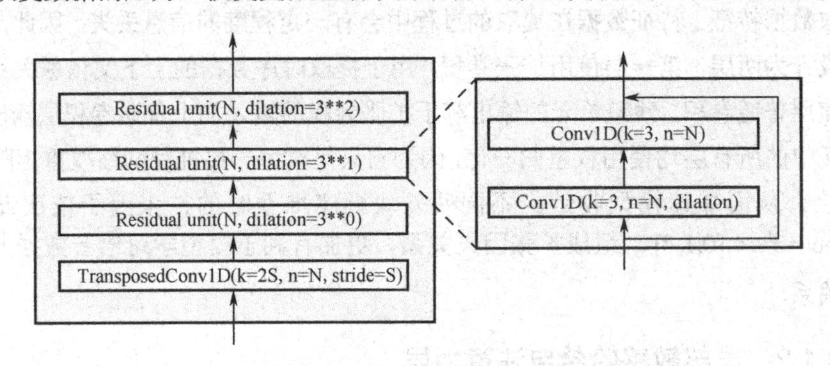

图 8.3　解码器中的解码块结构

解码块中的上采样层使用一维转置卷积，在本章提出的模型中，经过仔细选择转置卷积层的滤波器大小和步幅，将卷积核数设置为步幅的 2 倍，生成的重构宽带语音能取得比 PhaseShuffle 更少的频谱伪影。解码块中的残差单元采用和编码块中相同的扩张因果残差结构，能够更好地恢复语音数据上下文的依赖关系。

8.2　深度时频感知损失函数

模型迭代训练的目的是不断更新权重参数使得模型输出的重构宽带语音和宽带语音的损失函数取到最小值，不同的损失函数决定着不同的训练方向，因此损失函数的定义对于模型的训练非常重要，间接影响着重构宽带语音质量的高低。

在 7.2 节提出了一种全新的时频感知损失函数，它由时域、频域和感知域三个子损失函数加权相加而成，既考虑到了语音时域和频域的特性，还考虑到了基于人耳感知域的特征。时域子损失函数能保证模型生成的重构宽带语音有更准确的时域波形，频域子损失函数能保证模型生成和宽带语音更相似的频谱，感知域子损失函数能保证模型生成和宽带语音难以区分的听觉感受。

感知域子损失使用的是 Pranay 等人提出的可区分感知音频度量（Differentiable Perceptual Audio Metric，DPAM），DPAM 是使用一个大型的人类判断数据集训练神经网络构造的度量函数，该数据集的受试者会被问一个非常简单且客观的问题：两段录音相同吗？其中一段为纯净录音，另一段包含噪声、混响或压缩伪影。因此 DPAM 具有非常高的人类对声音的感知特性，且具有较高感知辨别能力，非常适合用来作为感知域损失函数，感知域子损失函数定义为

$$\mathrm{Loss}_{\mathrm{P}}(y,\hat{y})=\mathrm{DPAM}(\hat{y},y) \tag{8.3}$$

结合 7.2 节得到的时频感知损失为

$$\mathrm{Loss}_{\mathrm{TFP}}=\mathrm{Loss}_{\mathrm{T}}+0.001\times\mathrm{Loss}_{\mathrm{F}}+\mathrm{Loss}_{\mathrm{P}} \tag{8.4}$$

8.3　实验设置与分析

8.3.1　实验设置

本章实验设计和数据集的选定遵循前人的研究，分别进行了单说话人和多说话人语音频带扩展实验，其中单说话人分别在 VCTK-P225 和 AISHLL-1-S0002 数据集上进行，多说话人在 TIMIT 数据集上进行，数据集以 6∶2∶2 的比例划分为训练集、验证集和测试集。VCTK 和 TIMIT 数据集中的语音都是以英语为母语的美国本地人录制，而 AISHLL-1-S0002 数据集中的语音是中国本地人以普通话录制。进行单说话人和多说话人实验的目的在于对比模型的性能是否受到同类语种数据多样性的影响，在中文语音数据集实验的目的在于验证模型对不同语种语音的频带扩

展性能影响。

本章使用 librosa 库对语音数据进行预处理，首先将语音下采样到 16kHz，作为宽带语音（对于语音数据集采样率原本为 16kHz 的，不需要进行此操作），然后将 16kHz 语音经过抗混叠低通滤波器后再次下采样到 8kHz，最后将 8kHz 语音上采样到 16kHz，再次经过低通滤波器滤除频谱镜像，作为窄带语音，其中低通滤波器的截止频率为 4kHz。此时窄带语音和宽带语音具有相同的采样长度，但频带却只有宽带语音的一半，根据奈奎斯特采样定理，窄带语音带宽为 0～4kHz，宽带语音带宽为 0～8kHz。为了方便模型训练，窗长设置为 8192，帧移设置为 4096。

训练模型时批大小（batch size）设置为 16，使用 Adam 优化器，学习率设置为 0.0003，模型的神经网络权重参数均使用 xavier_uniform 初始化，偏置项初始化为 0。为了验证提出的语音频带扩展方法性能，将窄带和宽带语音的语谱图与重构宽带语音进行了对比。另外，分别复现了三次样条插值、文献[15]的 GMM、文献[16]的 DNN 和文献[11]的 CNN 频带扩展方法，并用主观评价和客观评价方法将本章提出方法生成的重构宽带语音和三次样条插值方法、GMM 方法、DNN 方法、CNN 方法生成的重构宽带语音进行了对比。

8.3.2 语谱图

通过语谱图能够更加直观地了解语音的频谱分布、能量分布以及声纹结构，语音频率越高，恢复的难度越大。图 8.4 给出了窄带语音、宽带语音和重构宽带语音的语谱图。由图可知，重构宽带语音的频谱图在 0～4kHz 的频谱和宽带语音几乎一致，在 4～8kHz 的频谱结构和纹理细节得到了大量的恢复，但是在高频能量恢复方面还待提高。

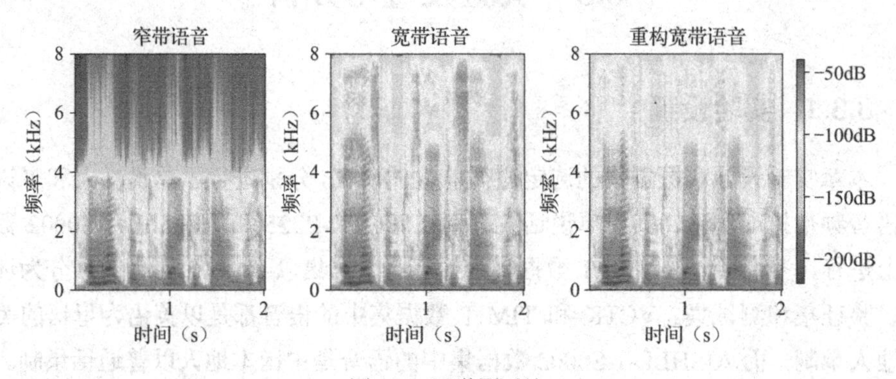

图 8.4 语谱图对比

8.3.3　客观评价

客观评价主要使用信噪比（SNR）、对数谱失真（LSD）、语音质量感知评估（PESQ）和短时客观可懂度（STOI）来衡量重构宽带语音在时域波形、频域频谱以及感知域可懂度上面与宽带语音之间的差异。

SNR 公式定义为

$$\mathrm{SNR}(\hat{s},s)=10\lg\frac{\sum_{n=1}^{N}s(n)^2}{\sum_{n=1}^{N}[\hat{s}(n)-s(n)]^2} \tag{8.5}$$

式中，$s(n)$ 和 $\hat{s}(n)$ 分别代表宽带语音和重构宽带语音，SNR 越大代表语音时域波形恢复得越准确。

LSD 公式定义为

$$S=10\lg|s(l,m)|^2 \tag{8.6}$$

$$\hat{S}=10\lg|\hat{s}(l,m)|^2 \tag{8.7}$$

$$\mathrm{LSD}=\frac{1}{L}\sum_{l=1}^{L}\sqrt{\left\{\frac{1}{M}\sum_{m=0}^{M}(S-\hat{S})\right\}} \tag{8.8}$$

式中，$s(l,m)$ 和 $\hat{s}(l,m)$ 分别为宽带语音和重构宽带语音的频谱，LSD 越小代表重构宽带语音和宽带语音的频谱差别越小。

PESQ 是由国际电信联盟电信标准化部门指定的电话语音质量评价指标，用于估计人类感知的语音质量，其值在 0.5～4.5 之间，值越高代表语音的感知质量越高。

STOI 值介于 0～1 之间，越接近于 1 代表语音可懂度越高。

客观评价结果如表 8.1～表 8.3 所示，在 VCTK-P225、AISHLL-1-S0002 及 TIMIT 数据集实验中，本章提出的方法生成的重构宽带语音在 SNR、LSD、PESQ 和 STOI 度量上均优于其他对比方法。在表 8.1～表 8.3 中，GMM 方法生成的重构宽带语音引入了大量噪声，导致 SNR 过低，由此可知针对复杂多样性的语音声学结构，GMM 很难训练出较好的性能。基于频域 LPS 特征的 DNN 方法，在 SNR、LSD、PESQ 和 STOI 度量上虽然没有达到最优，却也不错的结果。而基于时域端到端的 CNN 方法，在 SNR 和 PESQ 上获得不错的结果，但存在较为严重的频谱失真。

表 8.1　VCTK-P225 数据集实验客观评价结果

方　法	SNR（dB）	LSD（dB）	PESQ	STOI
三次样条插值	21.051	3.412	3.445	0.9791

续表

方　法	SNR（dB）	LSD（dB）	PESQ	STOI
GMM	19.258	0.989	3.112	0.9846
DNN	19.742	0.796	3.492	0.9932
CNN	21.781	1.784	3.656	0.9885
Proposed	**22.783**	**0.762**	**3.828**	**0.9957**

表 8.2　AISHLL-1-S0002 数据集实验客观评价结果

方　法	SNR（dB）	LSD（dB）	PESQ	STOI
三次样条插值	15.431	3.762	3.365	0.9893
GMM	12.487	0.844	2.765	0.9914
DNN	15.167	0.803	3.387	0.9991
CNN	15.866	1.765	3.417	0.9954
Proposed	**16.332**	**0.795**	**3.578**	**0.9995**

表 8.3　TIMIT 数据集实验客观评价结果

方　法	SNR（dB）	LSD（dB）	PESQ	STOI
三次样条插值	15.882	3.774	3.285	0.9850
GMM	14.081	0.995	2.587	0.9853
DNN	17.452	0.984	3.443	0.9967
CNN	17.542	1.681	3.380	0.9955
Proposed	**17.784**	**0.962**	**3.476**	**0.9970**

8.3.4　主观评价

主观评价使用的是平均意见得分（MOS）指标，主要衡量人耳对音频的主观感受，实验邀请 20 位听力正常的测听者，年龄分布在 20～30 岁之间，男女各半，采用对比听音的方式将本章方法的重构宽带语音和其他对比方法的重构宽带语音给测听者听，为了测试主观评价的公正性，在测试语音中混入了窄带语音和宽带语音。要求测听者不带任何偏见，根据每段语音的听觉感受、自然度和清晰度进行主观意见打分，分数为 0～5 之间，最后对语音得分取平均值，得到该语音的最终 MOS 得分，MOS 得分越高代表主观评价越好。主观评价结果如表 8.4～表 8.6 所示，在三个语音数据集实验中，窄带语音的 MOS 得分最低，而宽带语音的 MOS 得分最高，由此可得，主观评价是较为公平公正的，并且本章提出的方法重构宽带语音 MOS 得分均优于其他对比方法。

表 8.4　VCTK-P225 数据集实验主观评价结果

方　法	MOS
窄带语音	2.75
宽带语音	4.66
三次样条插值	3.03
GMM	3.55
DNN	3.74
CNN	3.88
Proposed	**4.12**

表 8.5　AISHLL-1-S0002 数据集实验主观评价结果

方　法	MOS
窄带语音	1.55
宽带语音	4.37
三次样条插值	2.52
GMM	2.05
DNN	2.63
CNN	3.01
Proposed	**3.36**

表 8.6　TIMIT 数据集实验主观评价结果

方　法	MOS
窄带语音	1.68
宽带语音	4.53
三次样条插值	2.54
GMM	2.13
DNN	3.22
CNN	3.56
Proposed	**4.02**

8.4　消融对比实验

为了进一步证明本章提出的模型和时频感知损失函数的优越性，在 VCTK-P225 数据集上分别进行了两组实验。第一组实验控制时频感知网络不变，分别使用时域均方误差（MSE）、时域平均绝对值误差（MAE）、时域 RMSE、频域 MSE、频域 MAE、频域 RMSE 损失函数和时频感知损失函数训练模型，对重构的宽带语音进行客观评价对比；第二组实验，因为 CNN 模型也是基于时域波形的端到端语音频带扩展，控制时频感知损失函数不变，分别使用 CNN 模型与时频感知网络模型对窄带到宽带语音之间的非线性映射关系建模，对比两个模型重构宽带语音的客观度量得分。

时域 MSE 公式为

$$\text{Loss}_{\text{T}}(y,\hat{y})=\frac{1}{N}\sum_{n=1}^{N}(\hat{y}(n)-y(n))^2 \tag{8.9}$$

时域 MAE 公式为

$$\text{MAE}_{\text{T}}(y,\hat{y})=\frac{1}{N}\sum_{n=1}^{N}|\hat{y}(n)-y(n)| \tag{8.10}$$

频域 MSE 公式为

$$\text{Loss}_{\text{F}}(y,\hat{y})=\frac{1}{MK}\sum_{m=1}^{M}\sum_{k=1}^{K}(\text{LMS}(\hat{y})-\text{LMS}(y))^2 \tag{8.11}$$

频域 MAE 公式为

$$\text{Loss}_{\text{F}}(y,\hat{y})=\frac{1}{MK}\sum_{m=1}^{M}\sum_{k=1}^{K}|\text{LMS}(\hat{y})-\text{LMS}(y)| \tag{8.12}$$

第一组实验结果如表 8.7 所示。观察发现，时域损失函数能取得更高的 SNR 客观度量值，其中时域 RMSE 取得的 SNR 最高，但时域损失函数的 LSD 普遍偏高。频域损失函数能取得更低的 LSD 客观度量值，其中频域 RMSE 取得的 LSD 最低，但频域损失函数的 SNR 却普遍偏低。感知域损失函数能取得更高的 PESQ 值。本章提出的时频感知损失函数均衡了时域 RMSE、频域 RMSE 和感知域损失的优点，在取得较高 SNR 的同时，还取得了更低的 LSD，以及更高的 PESQ 和 STOI。

表 8.7 时频感知网络模型在不同损失函数下的客观评价结果

损 失 函 数	SNR（dB）	LSD（dB）	PESQ	STOI
时域 MSE	22.749	1.924	3.655	0.9894
时域 MAE	22.871	2.134	3.664	0.9953
时域 RMSE	22.890	1.968	3.638	0.9957
频域 MSE	20.625	0.817	3.503	0.9957
频域 MAE	20.456	0.848	3.565	0.9957
频域 RMSE	20.620	0.761	3.578	0.9685
感知域损失	21.975	2.327	3.878	0.9957
Proposed	22.783	0.762	3.828	0.9957

第二组实验结果如表 8.8 所示，观察发现，在同时使用时频感知损失函数的情况下，本章提出的模型在 SNR、LSD、PESQ 和 STOI 取值上，普遍优于 CNN 模型。

通过以上两组实验可以证明本章模型和时频感知损失函数的优越性。并且表 8.8 中的 CNN 各项得分均比表 8.1 中的 CNN 各项得分高，再一次证明时频感知损失函数能更好地引导模型训练。

表 8.8　时频感知损失函数在不同模型下的客观评价结果

模　型	SNR（dB）	LSD（dB）	PESQ	STOI
CNN	21.978	1.133	3.688	0.9934
Proposed	22.783	0.762	3.828	0.9957

8.5　本章小结

本章提出了一种基于编码器结构的端到端语音频带扩展方法，模型引入了自注意力机制提取语音深度特征，使得编码器提取有用信息的能力得到了进一步提升。另外，结合时域、频域和感知域，提出了一种全新的时频感知损失函数用来训练神经网络，促使神经网络在时域、频域和感知域拟合出更加均衡也更加准确的重构宽带语音。通过消融对比实验表明，本章提出的模型和时频感知损失函数相比于其他方法更具有优越性。通过主客观实验表明，提出的方法在频带扩展上性能更优越，重构宽带语音质量更高。

参考文献

[1] Ling Z, Ai Y, Gu Y, et al. Waveform modeling and generation using hierarchical recurrent neural networks for speech bandwidth extension[J]. IEEE/ACM Transactions on Audio, Speech, and Language Processing, 2018, 26 (5): 883-894.

[2] Feng B, Jin Z, Su J, et al. Learning bandwidth expansion using perceptually motivated loss[C]//2019 IEEE International Conference on Acoustics, Speech and Signal Processing (ICASSP), 2019: 606-610.

[3] Germain F G, Chen Q, Koltun V. Speech denoising with deep feature losses[C]//Interspeech, 2019: 2723-2727.

[4] Zhao Y, Wang D, Xu B, et al. Monaural speech dereverberation using temporal

convolutional networks with self attention[J]. IEEE/ACM Transactions on Audio, Speech, and Language Processing, 2020, 28 (5): 1598-1607.

[5] Kitaev N, Kaiser L, Levskaya A. Reformer: the efficient transformer [C]//International Conference on Learning Representations (ICLR), 2020: 4561-4573.

[6] Huang G, Liu Z, Van Der Maaten L, et al. Densely connected convolutional networks[C]//2017 IEEE Conference on computer vision and pattern recognition (CVPR), 2017: 4700-4708.

[7] Salimans T, Kingma D P. Weight normalization: a simple reparameterization to accelerate training of deep neural networks[J]. Advances in neural information processing systems, 2016, 29 (12): 901-909.

[8] Vaswani A, Shazeer N, Parmar N, et al. Attention is all you need[C]//31th Conference on Neural Information Processing Systems (NIPS), 2017: 6000-6010.

[9] Donahue C, Mcauley J, Puckette M. Adversarial Audio Synthesis[C]// International Conference on Learning Representations (ICLR), 2019.

[10] Manocha P, Finkelstein A, Jin Z, et al. A differentiable perceptual audio metric learned from just noticeable differences[C]//Interspeech, 2020: 2852-2856.

[11] Kuleshov V, Enam S Z, Ermon S. Audio super resolution using neural networks[C]//International Conference on Learning Representations (ICLR), 2017: 2063-2069.

[12] Wang H, Wang D. Time.frequency loss for CNN based speech super resolution[C]// IEEE International Conference on Acoustics, Speech and Signal Processing (ICASSP), 2020: 861-865.

[13] Kim Y S, Seok J W. Deep learning based raw audio signal bandwidth extension system[J]. Journal of IKEEE, 2020, 24 (4): 1122-1128.

[14] Mcfee B, Raffel C, Liang D, et al. Librosa: audio and music signal analysis in python[C]//14th Python in Science Conference, 2015: 18-25.

[15] Bachhav P, Todisco M, Evans N. Exploiting explicit memory inclusion for artificial bandwidth extension[C]// IEEE International Conference on Acoustics, Speech and Signal Processing (ICASSP), 2018: 5459-5463.

[16] Li K, Huang Z, Xu Y, et al. DNN-based speech bandwidth expansion and its application to adding high frequency missing features for automatic speech recognition of narrowband speech[C]//16th Annual Conference of the International Speech Communication Association, 2015: 2578-2582.

[17] Wang H, Nishiura T. Speech quality improvement with bit rate extension using spectral gain enhancement[J]. Acoustical Science and Technology, 2020, 41 (1): 411-412.

[18] Wang H, Wang D. Towards robust speech super.resolution[J]. IEEE/ACM Transactions on Audio, Speech, and Language Processing, 2021, 28 (6): 1-9.

[19] Jensen J, Taal C H. An algorithm for predicting the intelligibility of speech masked by modulated noise maskers[J]. IEEE/ACM Transactions on Audio, Speech, and Language Processing, 2016, 24 (11): 2009-2022.

第 9 章　IMCRA-OMLSA 噪声动态估计下的心音降噪

9.1　引言

心音信号分析是诊断心血管疾病的重要手段，被广泛应用于临床诊断和体检中。心音信号的分析主要包括医生经验听诊和计算机辅助诊断。心音信号现今多借助于电子听诊器进行采集。然而，在采集过程中心音信号不可避免地会受到环境噪声、采集设备噪声及人体其他器官噪声的干扰，使得原本就十分弱小的心音信号的可分析性极大降低。因此，在对心音信号分析之前，需要先做降噪处理。

现阶段，应用较多的降噪方法为基于小波分析的方法和基于经验模式分解（Empirical Mode Decomposition，EMD）的方法。其中，基于小波分析方法的原理是采用小波分解获取小波域内不同尺度的小波系数，根据噪声对应的小波系数小于心音对应的小波系数的假设，建立适当的阈值函数对各尺度的小波系数进行线性滤波处理，抑制噪声的小波系数，达到降噪的目的。此外，部分文献也指出根据心音信号的频带特点，将部分高频细节系数和低频近似系数置零，能进一步去除不必要的噪声。基于 EMD 方法的原理是将信号分解为多个模态固有函数（Intrinsic Mode Function，IMF）分量，通过对模态混叠临界点的判断，将临界点前的 IMF 分量视为噪声并直接丢弃，同时丢弃心音成分少、噪声含量大的高频 IMF 分量，建立合适的滤波机制，将心音信号从保留的混叠 IMF 分量中分离出来。然而，实际采集环境下的干扰噪声具有随机、非平稳、混沌等特性，且心音具备多样性，小波系数的大小难以准确区分噪声和信号（如吉布斯效应），这使得获取精准的自适应阈值函数更为困难，因此要想通过小波或 EMD 的空间变换和线性滤波处理将噪声和心音完全分离开来是十分困难的，且容易出现心音失真情况。同时，近些年的研究表明，高频部分也蕴含着有用的特征，尤其是在一些异常心音（如病变心杂音）中，故不可简单滤波或者直接丢弃。因此，心音降噪还涉及心杂音等由心脏异常引起的额外音，且许多额外音与噪声特征相近，如三尖瓣关闭不全时在第一心音与第二心音间产生的心杂音。作为病理特征的心杂音对心音分类有着重要的作用，不可直接滤除，这也进一步加大了心音降噪的难度。在心音降噪处理中，应以心音不失真为前提，最大程度地抑制噪声。

实际中无法直接获得完全纯净的心音信号，这就使得各类算法的降噪结果没有标准的参考。目前常用的评价方法主要包括以相对纯净的心音信号为参考计算评价指标（信噪比、均方根误差等）、定性分析（谱图分析）、平均意见得分（MOS）。其中以相对纯净的心音信号为参考的定量分析并不严格，其客观性并不强。

针对心音降噪面临的问题，本章提出了一种融合改进最小值控制递归平均（Improved Minimum Control Recursive Average，IMCRA）和最优修正对数谱幅度（Optimally Modified Log Spectral Amplitude，OMLSA）估计的心音降噪方法（在下文中均简称为 IMCRA-OMLSA）。在对算法的评价中，由于完全纯净的心音不可知，故提出谱图定性分析和降噪算法对分类系统的贡献度的定量分析相结合的评价机制，确保对算法评价的客观性及有效性。

9.2　算法框架

IMCRA 和 OMLSA 算法在语音信号增强处理中已经获得了较好的应用，本章将两类算法相结合并首次应用于心音信号降噪处理中，提出的 IMCRA-OMLSA 心音降噪算法框架如图 9.1 所示。算法框架中，采用 IMCRA 通过两次迭代追踪短时窗内频谱最小值；在较大窗平滑、较小窗跟踪下能够较好地追踪噪声变化情况，使得对噪声谱估计的更新延迟更低，提高了追踪的准确性；以最小值为噪声估计且不进行补偿，极大地减小过估计情况的出现。采用 OMLSA 算法，通过使目标估计心音与纯净心音间的差异最小化，较好地估计出纯净心音；在计算条件概率时，以 IMCRA 算法跟踪计算的噪声谱估计来计算后验信噪比等参数，获取最优频谱增益函数。通过增益函数和带噪心音的幅度谱即可估计出纯净心音幅度谱，经傅里叶逆变换和帧合成即可得到最终估计结果。

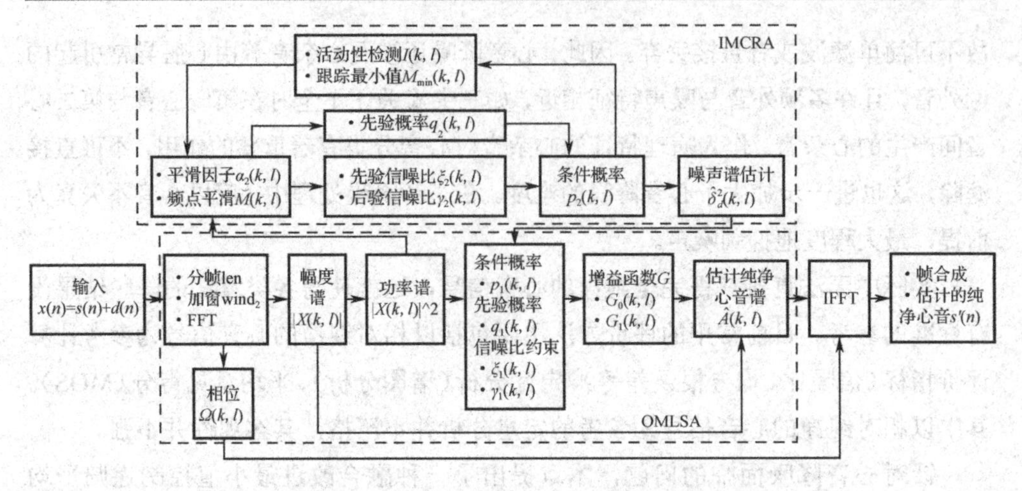

图 9.1　IMCRA-OMLSA 心音降噪算法框架

9.3　基于 IMCRA-OMLSA 的心音降噪

9.3.1　基于 OMLSA 的心音降噪

OMLSA 算法是一种最小化纯净信号和目标信号差异的谱估计方法，不同于谱减法等经典谱估计，OMLSA 通过带噪信号的频谱直接估计目标信号的频谱，能够适应多种噪声环境；同时，OMLSA 能够避免音乐噪声残留，能够有效保护较弱的声学成分。理论上，OMLSA 算法适用于心音降噪处理。

OMLSA 算法最早由 Cohen 等人提出。OMLSA 算法是基于心音与噪声满足独立统计和高斯分布两个假设提出的，OMLSA 算法的理论推导请参考文献[20,22,24,26]。将其应用于心音信号降噪中，具体流程如下：

（1）根据心音与噪声独立统计的假设，带噪心音可表示为

$$x(n)=s(n)+d(n) \tag{9.1}$$

式中，$x(n)$为带噪心音，$s(n)$为纯净心音，$d(n)$为噪声。

对带噪心音分帧加窗，并进行快速傅里叶变换（FFT）得到

$$X(k,l)=S(k,l)+D(k,l) \tag{9.2}$$

其中每一帧可表示为

$$X(k,l)=\sum_{n=0}^{\text{win}-1} x(n+1\cdot \text{inc})\cdot h(n)\cdot \mathrm{e}^{-\mathrm{j}(2\pi/\text{win})nk} \tag{9.3}$$

记相位谱为

$$\Omega(k,l)=\arctan\left\{\frac{\mathrm{Im}[X(k,l)]}{\mathrm{Re}[X(k,l)]}\right\} \tag{9.4}$$

式中，k 代表频点，l 代表帧数，win 表示帧长，inc 表示帧移，Im 表示取虚部，Re 表示取实部，$h(n)$为窗函数，一般取汉明窗。

（2）设纯净心音频谱幅度为 $A(k,l)$，目标估计心音频谱幅度为 $\hat{A}(k,l)$，按照最小化纯净心音与目标估计心音的差异，可得到频谱幅度差异：

$$\text{Delta}=\min[|\lg A(k,l)-\lg \hat{A}(k,l)|^2] \tag{9.5}$$

$$A(k,l)=|S(k,l)| \tag{9.6}$$

根据式（9.5）和文献[26,27]的结论，可得估计的目标信号为

$$\hat{A}(k,l)=\exp(E[\lg A(k,l)\,|\,X(k,l)]) \tag{9.7}$$

则纯净心音频谱幅度估计 $\hat{A}(k,l)$ 与带噪信号频谱幅度 $X(k,l)$、增益函数 G 和心音存在条件概率 $p_1(k,l)$ 的关系可表示为

$$G=G_{\min}^{(1-p_1(k,l))}\cdot G_{H_1}^{p_1(k,l)}(k,l) \tag{9.8}$$

$$\hat{A}(k,l)=(G_{\min}\cdot|X(k,l)|)^{(1-p_1(k,l))}\cdot(G_{H_1}(k,l)\cdot|X(k,l)|) \tag{9.9}$$

式中，$G_{\min}$ 为增益函数最小值，为一常数；$G_{H_1}(k,l)$ 为心音存在条件下的增益函数。其中增益函数、条件概率都需要通过一定方法来求取。

（3）估计增益函数 $G_{H_1}(k,l)$：

$$G_{H_1}(k,l)=\frac{\xi_1(k,l)}{1+\xi_1(k,l)}\cdot\exp\left(\frac{1}{2}\int_V^{\infty}\frac{\mathrm{e}^{-t}}{t}\mathrm{d}t\right) \tag{9.10}$$

$$V=\xi_1(k,l)\cdot\gamma_1(k,l) \tag{9.11}$$

式中，$\xi_1(k,l)$ 为先验信噪比，$\gamma_1(k,l)$ 为后验信噪比，在后文中逐一计算。

（4）心音存在的条件概率 $p_1(k,l)$ 的估计为

$$p_1(k,l)=\left\{1+\frac{q_1(k,l)}{1-q_1(k,l)}\cdot[1+\xi_1(k,l)]\cdot\exp\left[-\frac{\gamma_1(k,l)\cdot\xi_1(k,l)}{1+\xi_1(k,l)}\right]\right\}^{-1} \tag{9.12}$$

式中，$q_1(k,l)$ 为心音不存在的先验概率。

（5）估计先验信噪比 $\xi_1(k,l)$。

设 $G_{\mathrm{H}_1}(k,l-1)$ 为前一帧中心音存在条件下的增益函数，$\gamma_1(k,l-1)$ 为前一心音帧的后验信噪比，则当前心音帧的先验信噪比为

$$\xi_1(k,l)=G_{H_1}^2(k,l-1)\cdot\gamma_1(k,l-1) \tag{9.13}$$

$$\gamma_1(k,l-1)=\frac{|X(k,l-1)^2|}{\delta_d^2(k,l-1)} \tag{9.14}$$

式中，δ_d^2 为噪声功率谱。为了平衡噪声残留和心音失真的性能，这里引入了权重

因子α_1，则当前帧的先验信噪比为

$$\xi_1(k,l)=\alpha\cdot G_{H_1}^2(k,l-1)\cdot\gamma_1(k,l-1)+(1-\alpha)\cdot\max(\gamma_1(k,l-1)) \tag{9.15}$$

（6）估计心音不存在的先验概率$q_1(k,l)$。

对$q_1(k,l)$的估计较为复杂，现有的研究中多使用 soft decision 的方法进行估计。这里直接给出$q_1(k,l)$的估计方程式：

$$q_1(k,l)=1-P_{\text{local}}(k,l)\cdot P_{\text{global}}(k,l)\cdot P_{\text{frame}}(l) \tag{9.16}$$

式中，$P_{\text{local}}(k,l)$和$P_{\text{global}}(k,l)$分别表示局部带宽和整体带宽上心音信号存在的似然概率。在估计$P_{\text{local}}(k,l)$和$P_{\text{global}}(k,l)$之前，先定义先验信噪比的平滑$\zeta_\tau(k,l)$如下：

$$\zeta_\tau(k,l)=\beta\cdot\zeta_\tau(k,l-1)+(1-\beta)\cdot\zeta_\tau(k,l-1) \tag{9.17}$$

则可以将心音信号存在的似然概率表示为

$$P_\tau(k,l)=\begin{cases}0, & \zeta_\tau(k,l)<\zeta_{\min}\\ 1, & \zeta_\tau(k,l)\geqslant\zeta_{\max}\\ \lg[\zeta_\tau(k,l)/\zeta_{\min}]/\lg(\zeta_{\max}/\zeta_{\min}), & \text{其他}\end{cases} \tag{9.18}$$

式中，下标τ为“local”时表示局部带宽似然概率，为“global”时表示整体带宽似然概率，$\zeta_{\max}$和$\zeta_{\min}$为最大、最小的判定阈值。

$P_{\text{frame}}(l)$是通过先验信噪比对心音帧内所有频点平均得到的，可表示为

$$\zeta_{\text{frame}}(l)=\underset{1\leqslant k\leqslant \text{win}/2+1}{\text{mean}}\{\zeta(k,l)\} \tag{9.19}$$

$$P_{\text{frame}}(l)\begin{cases}0, \ \zeta_{\text{frame}}(l)\geqslant\zeta_{\min}\\ 1, \ \zeta_{\text{frame}}(l)>\zeta_{\text{frame}}(l-1)\text{及}\zeta_{\text{frame}}(l)>\zeta_{\min}\\ u(l), \ \zeta_{\text{frame}}(l)>\zeta_{\min}\text{及}\zeta_{\text{frame}}(l)\leqslant\zeta_{\text{frame}}(l-1)\end{cases} \tag{9.20}$$

式中，$u(l)$的取值请读者参考文献[28]。

（7）噪声估计。噪声估计在 OMLSA 降噪过程中十分重要，对噪声估计的好坏往往决定了整个算法的降噪性能。对噪声估计过高，则会造成心音失真；对噪声估计过低，则会有较多的噪声残留。噪声估计的方法主要包括基于最小值统计（MS）的估计方法、最小值控制递归平均法（MCRA）、改进的最小值控制递归平均法（IMCRA），其中 IMCRA 算法效果较好。由于噪声的估计较为复杂，本书对基于 IMCRA 的噪声估计过程进行了适当调整，在 9.3.2 节单独介绍。

9.3.2　基于 IMCRA 的噪声估计

IMCRA 是在 MCRA 的基础上进行的改进，将最小值控制递归的过程由一次变为了两次迭代。噪声估计是基于心音信号存在与否的假设，如式（9.21）所示。心音信号存在与否的情况可被描述为图 9.2，心音存在情况H_1^k即为 S_1、S_2 等心脏机械

振动产生的信号，心音不存在情况 H_0^k 即为收缩期、舒张期成分中的平静部分（不包含心杂音部分）。

$$\begin{cases} H_0^k : P_2(H_0^k \mid X(k,l)) \\ H_1^k : P_2(H_1^k \mid X(k,l)) \end{cases} \tag{9.21}$$

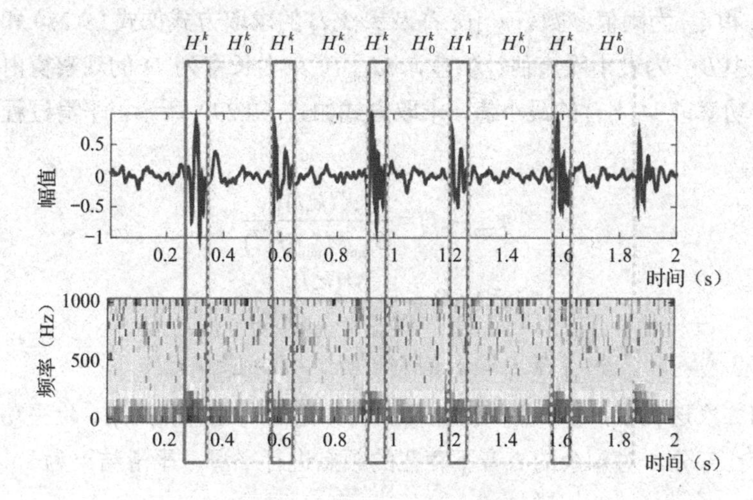

图 9.2　心音存在与否的情况

在 IMCRA 中，心音信号存在的条件概率可表示为

$$P_2(k,l) = \frac{1}{1 + \dfrac{q_2(k,l)}{1 - q_2(k,l)} \cdot (1 + \xi_2(k,l)) \cdot \exp(-v(k,l))} \tag{9.22}$$

$$v(k,l) = \frac{\gamma_2(k,l) \cdot \xi_2(k,l)}{1 + \xi_2(k,l)} \tag{9.23}$$

式中，$q_2(k,l) = P(H_0^k)$ 为心音存在的先验概率，$\gamma_2(k,l)$ 和 $\xi_2(k,l)$ 分别为后验信噪比和先验信噪比。则噪声功率谱的估计可表示为

$$\hat{\delta}_d^2(k,l) = \alpha_2(k,l) \cdot \hat{\delta}_d^2(k,l-1) + [1 - \alpha_2(k,l)] \mid X(k,l) \mid^2 \tag{9.24}$$

$$\alpha_2(k,l) = \alpha + (1 - \alpha) \cdot p_2(k,l) \tag{9.25}$$

关键性问题就成了如何求取心音不存在时的先验概率 $q_2(H_0^k \mid X(k,l))$。$q_2(H_0^k \mid X(k,l))$ 的值与带噪心音的平滑功率谱的最小值有关，在 IMCRA 中通过采用两次迭代操作来跟踪最小值。第一次迭代的作用是对帧内频点进行简单的活动性检测，第二次迭代进行平滑操作去除心音存在时能量较强的部分（尤其是基础心音存在的部分），从而使得可以通过较短的时窗来跟踪功率谱的最小值。在较短的时窗下可以使得对心音中噪声的更新速度更快，这将更有利于算法去跟踪非平稳噪声。

第一次迭代过程中，按照式（9.26）所示的判决准则粗略估计各频点上心音的活动性为

$$I(k,l)\begin{cases}1, \gamma_{\min}(k,l)<\gamma_{m1}\text{及}\xi_2(k,l)<\xi_{m1} \\ 0, \text{其他}\end{cases} \tag{9.26}$$

式中，γ_{m1} 和 ξ_{m1} 为阈值参数。$\gamma_{\min}(k,l)$ 及 $\xi_2(k,l)$ 的求取方式如式（9.27）和式（9.28）所示。其中 $B_{\min}$ 为最小噪声估计偏差，$M_{\min}(k,l)$ 为长度为 D 的观察窗内平滑后的带噪心音功率谱 $M(k,l)$ 的最小值，求取方式如式（9.29）所示，平滑过程请参考文献[21,30]。

$$\gamma_{\min}(k,l)=\frac{|X(k,l)|^2}{B_{\min}M_{\min}(k,l)} \tag{9.27}$$

$$\xi_2(k,l)=\frac{M(k,l)}{B_{\min}M_{\min}(k,l)} \tag{9.28}$$

$$M_{\min}(k,l)=\min(M(k,\lambda)\,|\,l-D+1\leqslant\lambda\leqslant l) \tag{9.29}$$

在第二次迭代中，基于第一次迭代中的频谱活动性检测结果，除去功率谱较大的心音存在部分，对剩余的心音不存在的频点进行平滑，平滑结果为

$$\tilde{M}(k,l)=\begin{cases}\dfrac{\sum\limits_{i=-\text{win}}^{\text{win}}h(i)\cdot I(k-i,l)\cdot|X(k,l)|^2}{\sum\limits_{i=-\text{win}}^{\text{win}}h(i)\cdot I(k-i,l)}, \sum\limits_{i=-\text{win}}^{\text{win}}I(k-i,l)\neq 0 \\ \tilde{M}(k,l-1), \text{其他}\end{cases} \tag{9.30}$$

在获得 $\tilde{M}(k,l)$ 后，还需要对其在时域上进行平滑，并在一个有限窗内跟踪其最小值：

$$\breve{M}(k,l)=\alpha_s\cdot\tilde{M}(k,l-1)+(1-\alpha_s)\cdot\tilde{M}(k,l) \tag{9.31}$$

$$\breve{M}_{\min}(k,l)=\min\{M_{\min}(k,l),\breve{M}(k,c)\,|\,l-b+1\leqslant c\leqslant l\} \tag{9.32}$$

式中，α_s 为平滑系数，b 为最小值追踪窗长，$\breve{M}(k,l)$ 为时域一阶递归平滑结果，$\breve{M}_{\min}(k,l)$ 为追踪窗内最小值。

综上，可求得心音信号不存在的先验概率：

$$q_2(k,l)=\begin{cases}[\gamma_{m2}-\tilde{\gamma}_{\min}(k,l)]/(\gamma_{m2}-1), 1\leqslant\tilde{\gamma}_{\min}(k,l)\leqslant\gamma_{m2} \\ 1, \ \gamma_{\min}(k,l)<1\text{及}\breve{\xi}_{\min}(k,l)<\xi_{m1} \\ 0, \text{其他}\end{cases} \tag{9.33}$$

$$\tilde{\gamma}_{\min}(k,l)=\frac{|X(k,l)|^2}{B_{\min}\breve{M}_{\min}(k,l)} \tag{9.34}$$

$$\breve{\xi}_2(k,l)=\frac{M(k,l)}{B_{\min}\breve{M}_{\min}(k,l)} \tag{9.35}$$

式中，γ_{m2} 为常数阈值。

在获得心音不存在的先验概率以后，就可以按式（9.22）求出心音存在的条件概率 $P_2(k,l)$，按式（9.24）即可求出对噪声功率谱的估计 $\hat{\delta}_d^2$，按式（9.14）即可获得后验信噪比 γ_1，继而获得最优频谱增益函数 G。表 9.1 中给出了算法中一些参数的取值。其中，$P_{\min}$ 和 $q_{\max}$ 为用于约束的条件概率下限和先验概率上限。需要说明的是，本章未对噪声估计结果进行补偿，即默认补偿因子取为 1，因为这样可以防止噪声谱估计过大，造成心音失真。

表 9.1　参数的取值

参数名称	取值	参数名称	取值
win	30ms	ξ_{m1}	1.67
inc	10ms	γ_{m1}	4.6
α_1	0.9	γ_{m2}	3
$h(.)$	hamming	b	1
$G_{\min}$	0.1259	$P_{\min}$	0.005
D	15	$\zeta_{\max}$ (local)	−5
$B_{\min}$	1.66	$\zeta_{\min}$ (local)	−10
α_s	0.85	$\zeta_{\max}$ (global)	−5
α	0.75	$\zeta_{\min}$ (global)	−10
β	0.95	$q_{\max}$	0.998

9.4　降噪结果的定性分析

实验中测试了三类数据，第一类是直接通过相对纯净的心音直接加噪构建含大量噪声的心音，第二类是选用“PhysioNet/Computing in Cardiology Challenge 2016”数据集中的心音，第三类是自行采集的心音。IMCRA-OMLSA 降噪方法与小波降噪算法、CEEMD 降噪算法进行了对比。

第一类心音选用了南京邮电大学某课题组提供的心音，以其中一条三尖瓣关闭不全的心音为例，降噪结果如图 9.3 所示。图 9.3（a1）为原始心音信号的时域波形图，（a2）为其对应的频谱图。不难发现，三尖瓣关闭不全时在第一心音（S_1）和第二心音（S_2）之间产生了较强的心杂音，主要由右心室收缩后血液反流至右心房产生，因此出现在收缩期的杂音不可被滤除。实验中，将白噪声以 9dB 的信噪比加入原始心音中，构建了如图 9.3（b1）和图 9.3（b2）所示的严重白噪声干扰心音。图 9.3（c1）和图 9.3（c2）为采用 CEEMD 分解降噪结果的时域波形图和频谱图，不难发现，CEEMD 分解降噪中噪声残留现象较为严重，且对三尖瓣关闭不全的病理心杂音抑制性较大。图 9.3（d1）和图 9.3（d2）为采用小波降噪算法获得的降噪结果的时域波形图和频谱图，可以看出小波分析降噪同 CEEMD 分解降噪类似，能够在一定程度上保留 S_1 和 S_2，但会抑制病理心杂音，且比 CEEMD 抑制的效果更明显。图 9.3（e1）和图 9.3（e2）为采用 IMCRA-OMLSA 算法降噪的时域波形图和频谱图，从时域和频域上均可看出算法有效地抑制了噪声干扰，且较好地保留了病理心杂音。

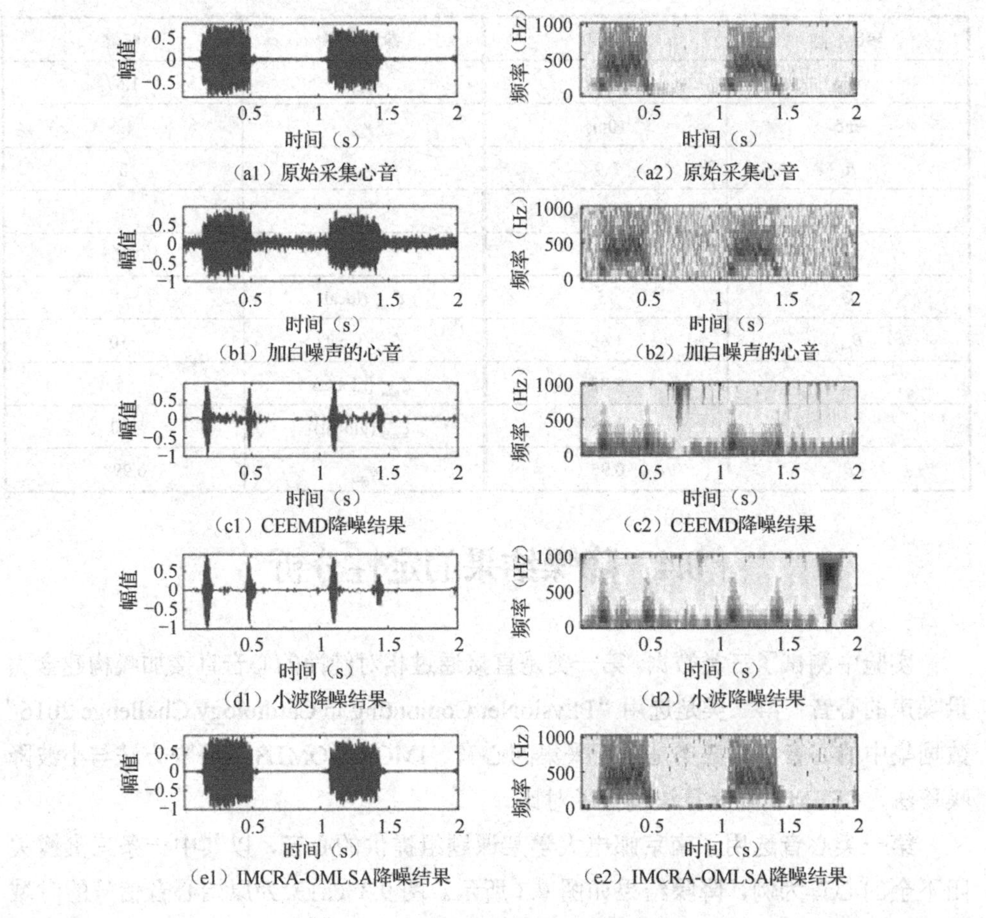

图 9.3　三尖瓣关闭不全心音降噪结果

第二类心音选用了 2016 年挑战赛心音，以其中 a0001 心音记录为例，降噪结果如图 9.4 所示。图 9.4（a1）和图 9.4（a2）为 a0001 的原始时域图和频谱图，图 9.4（b1）、（b2）和图 9.4（c1）、（c2）分别为采用 CEEMD 和小波分析降噪后的时域波形图和频谱图，图 9.4（d1）和图 9.4（d2）为采用 IMCRA-OMLSA 降噪的时域波形图和频谱图。从图可以看出，CEEMD 降噪和小波分析降噪会残留许多噪声，频谱可分析性较低；此外，从频谱分析可看出，对于一些靠近心音的干扰噪声，CEEMD 降噪和小波分析降噪并未做到有效抑制，如图 9.4（b1）和图 9.4（c1）中的椭圆处所示。从 IMCRA-OMLSA 降噪结果来看，虽然在防止噪声过估计的同时保留了许多细节波动，但整体上较好地增强了心音特征，且能够抑制靠近心音的强干扰噪声，频谱的可分析性明显提高。

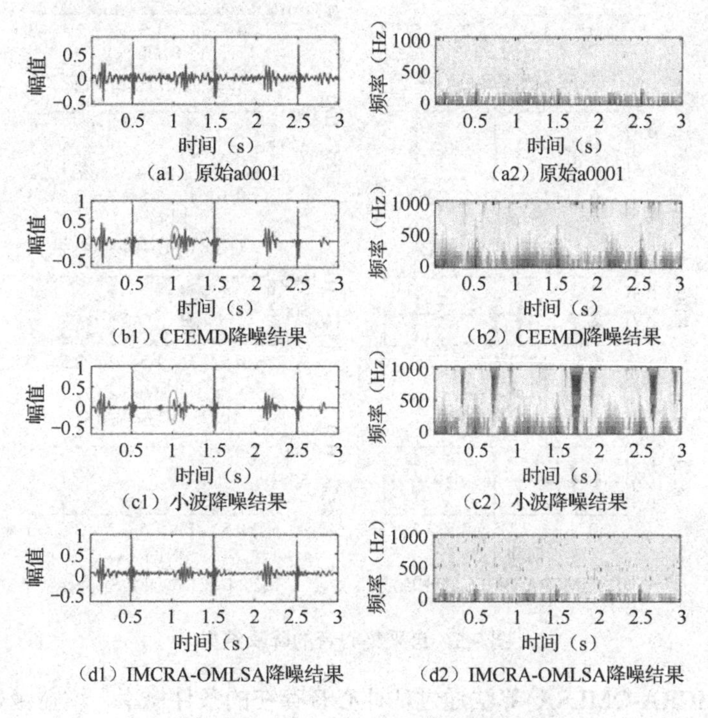

图 9.4　心音记录 a0001 的降噪结果

第三类心音为自主采集心音，采集设备为无线听诊采集器。以其中一人的心音降噪为例，获得的降噪结果如图 9.5 所示。图 9.5（a1）和图 9.5（a2）为原始采集的心音（时域波形和频谱），可以看出采集的心音含有大量的低频直流分量和噪声。图 9.5（b1）、（b2）和图 9.5（c1）、（c2）分别为采用 CEEMD 和小波分析降噪的时域波形图和频谱图，可以看出心音中同样存在噪声残留。图 9.5（d1）和图 9.5（d2）为 IMCRA-OMLSA 算法降噪的时域波形和频谱图，可以发现算法较好地抑制了频带内的噪声，频谱图明显突出了心音信号特征，变得更为纯净。

因此，从算法降噪处理的结果进行定性分析，可以得出以下结论：

（1）EMD 分解和小波分析等方法通过线性空间变换将心音信号分解为多个不

同尺度下的分量，通过建立阈值函数进行滤波处理，抑制各尺度下的噪声分量，在心音处理中的优点是能够将频带划分为多个尺度进行单独处理，具备较高分辨率；缺点是线性阈值判断并不能够准确区分心音与噪声，将判断为不是心音的部分大幅度抑制，对判断为心音存在的部分完整保留，且不能很好地抑制一些非心音的高频噪声和靠近心音的强干扰噪声。

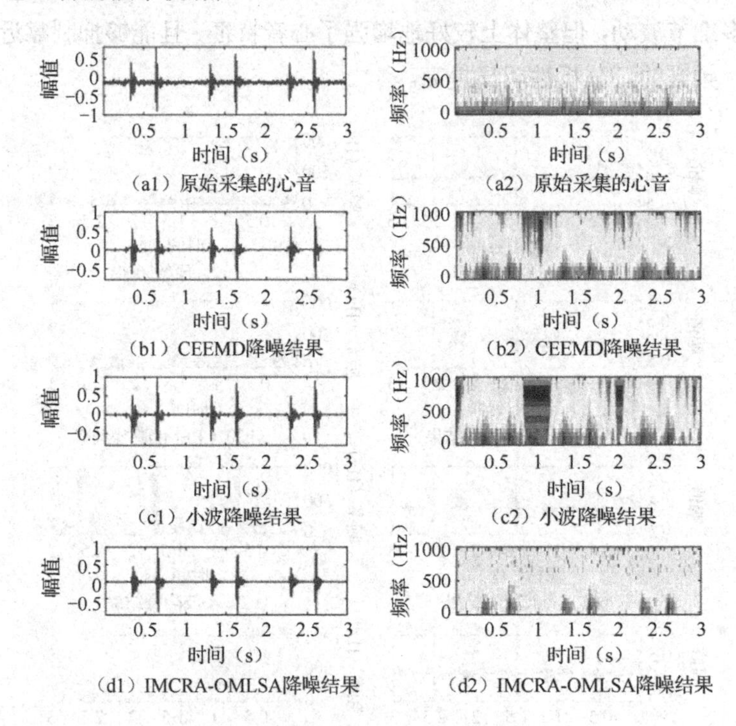

图 9.5　自采集心音的降噪结果

（2）IMCRA-OMLSA 算法通过估计心音存在的条件概率、增益函数、噪声谱等信息估计纯净心音，相比于空间变换和阈值滤波的方法，更为有效地利用了心音自身的信息，同时在时域和频域角度分别进行了平滑估计运算，能够从局部到整体快速追踪噪声，且不会出现噪声严重的过估计现象，能够有效地保护心杂音等弱小的异常特征，缺点是在防止噪声谱过估计时不能够很好地抑制非平稳噪声。

9.5　降噪结果的定量评估

心音信号处理中，研究人员均难以有效采集到完全纯净的心音数据，因此不可通过直接计算信噪比（SNR）、均方根误差（RMSE）等定量指标对算法进行严格的评价。故本章在定性分析的基础上，通过对正常与异常心音分类的贡献性来定量评估 IMCRA-OMLSA 降噪算法的有效性。正常与异常心音的分类过程主要涉及训练集和测试集的构建、特征提取、分类器的构建等内容。

9.5.1　数据集与特征提取

本章实验选用了“PhysioNet Computing in Cardiology Challenge 2016”的数据集。整个数据集由 a、b、c、d、e、f 这 6 个子数据集构成，分别采集于 1000 多位不同年龄、不同性别、不同身体状况的受试者，共计 3153 条心音记录。

文献[33]提出通过提取心动周期的多种特征（324 种）并进行融合，来构建训练集和测试集。本章采用此方法来提取心音的特征集，其步骤如下：

① 采用 IMCRA-OMLSA 算法对心音降噪；

② 采用基于逻辑回归的隐半马尔科夫模型（Logistic Regression Hidden Semi-Markov Model，LR-HSMM）将各心音记录的心动周期分割为 S_1、收缩期、S_2、舒张期；

③ 按文献[33]所述，根据分割结果提取各心音记录的 324 维特征；

④ 构建深层神经网络，将特征集按照 9∶1 的比例随机分为训练集与测试集，测试分类结果。

9.5.2　分类器构建

实验中构建了具备两个隐含层的深层神经网络模型，如图 9.6 所示。为了确定最佳网络结构，对隐含层的神经元数目进行了测试。可以确定的是输入层神经元为 324，输出层神经元为 2，隐含层数目为 2，隐含层神经元数量在 10～40 之间搜索，通过训练结果确定。

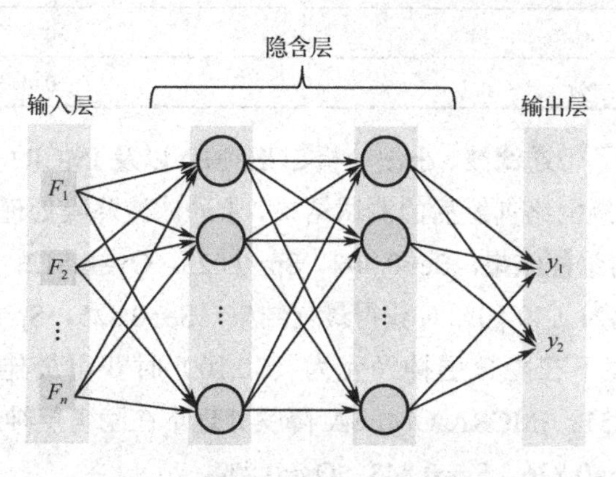

图 9.6　用于分类的深层神经网络模型

9.5.3 评估结果及分析

将 2837 条心音记录的特征依次输入分类模型中进行网络训练，迭代训练至模型基本收敛后，在 316 条心音记录的特征测试集下获得测试结果。分类结果用到了灵敏度（Sensitivity，Se）、特异性（Specificity，Sp）、总体得分（Overall，Ov）三类评价指标，其定义如下：

$$\mathrm{Se}=\frac{w_{a1}\cdot A_{a1}}{A_{a1}+A_{q1}+A_{n1}}+\frac{w_{a2}\cdot(A_{a2}+A_{q2})}{A_{a2}+A_{q2}+A_{n2}} \tag{9.36}$$

$$\mathrm{Sp}=\frac{w_{n1}\cdot N_{n1}}{N_{a1}+N_{q1}+N_{n1}}+\frac{w_{n2}\cdot(N_{n2}+N_{q2})}{N_{a2}+N_{q2}+N_{n2}} \tag{9.37}$$

$$\mathrm{Ov}=\frac{\mathrm{Se}+\mathrm{Sp}}{2} \tag{9.38}$$

式中，w_{a1}、w_{a2}、w_{n1}、w_{n2}为权重因子，w_{a1}、w_{a2}的值为异常心音信号中可分析性较好和可分析性较差的心音记录所占的百分比，w_{n1}、w_{n2}的值为正常心音信号中可分析性较好和可分析性较差的心音记录所占的百分比；a 表示被分类为异常心音的心音记录数量，n 表示被分类为正常心音的心音记录数量，q 表示被分类为状态不确定的心音记录数量，A 表示原始标识为异常状态的心音记录，N 表示原始标识为正常状态的心音记录。其中权重因子的取值如表 9.2 所示。

表 9.2 权重因子的取值

权 重 因 子	取 值
w_{a1}	0.7881
w_{a2}	0.2119
w_{n1}	0.9467
w_{n2}	0.0533

表 9.3 中给出了带通滤波、小波分析、CEEMD 以及 IMCRA-OMLSA 算法处理下，提取的特征集经网络训练后的测试结果。带通滤波降噪处理下在隐含层神经元为（10,10）时获得最佳结果，Se=0.802，Sp=0.823，Ov=0.812；小波分析降噪处理下在隐含层神经元为（40,10）时获得最佳结果，Se=0.825，Sp=0.837，Ov=0.831；CEEMD 降噪处理下在隐含层神经元为（30,10）时获得最佳结果，Se=0.824，Sp=0.839，Ov=0.831；IMCRA-OMLSA 降噪处理下在隐含层神经元为（30,10）时获得最佳结果，Se=0.826，Sp=0.843，Ov=0.834。

表 9.3 不同数目隐含层神经元下的测试结果

神经元	带通滤波（20～120Hz）			小波分析			CEEMD			IMCRA-OMLSA		
	Se	Sp	Ov	Se	Sp	Ov	Se	Sp	Ov	Se	Sp	Ov
	±0.02	±0.03	±0.03	±0.01	±0.02	±0.02	±0.01	±0.02	±0.02	±0.01	±0.02	±0.02
(10,10)	0.802	0.823	0.812	0.813	0.828	0.820	0.814	0.825	0.819	0.817	0.830	0.823
(20,10)	0.802	0.821	0.811	0.820	0.832	0.826	0.821	0.834	0.827	0.824	0.843	0.833
(20,20)	0.800	0.818	0.809	0.817	0.830	0.823	0.815	0.833	0.824	0.819	0.837	0.828
(30,10)	0.803	0.821	0.812	0.825	0.836	0.830	0.824	0.839	0.831	0.826	0.843	0.834
(30,20)	0.801	0.817	0.809	0.822	0.835	0.828	0.822	0.838	0.830	0.824	0.839	0.831
(30,30)	0.798	0.817	0.807	0.818	0.831	0.824	0.817	0.831	0.824	0.818	0.835	0.826
(40,10)	0.801	0.822	0.811	0.825	0.837	0.831	0.825	0.836	0.830	0.826	0.842	0.834
(40,20)	0.799	0.817	0.808	0.823	0.837	0.830	0.821	0.839	0.830	0.821	0.843	0.832
(40,30)	0.794	0.815	0.804	0.819	0.832	0.825	0.815	0.827	0.821	0.818	0.832	0.825
(40,40)	0.791	0.811	0.801	0.814	0.828	0.821	0.813	0.825	0.819	0.816	0.828	0.822

此外，在最佳网络状态下，将四类降噪算法进行了对比，结果如图 9.7 所示。结果表明，带通滤波降噪处理后测试集在分类系统中得分最低，这是因为带通滤波只是将低于 20Hz、高于 120Hz 的频带成分直接滤除了，丢掉了高于 120Hz 的特征，且对 20～120Hz 之间的部分并未进行去噪；CEEMD 降噪与小波分析降噪方法效果相近，但 CEEMD 效果较小波略好，原因在于 CEEMD 算法能够较好地将信号分解为各模态函数分量，而小波分解的效果除了与信号本身有关，还与选取的小波基函数有关；IMCRA-OMLSA 降噪算法处理后，测试集在分类器中获得了较好的效果，这是因为算法在保证心音特征不丢失的情况下很大限度地抑制了噪声，能更为精确地提取心音的特征信息。

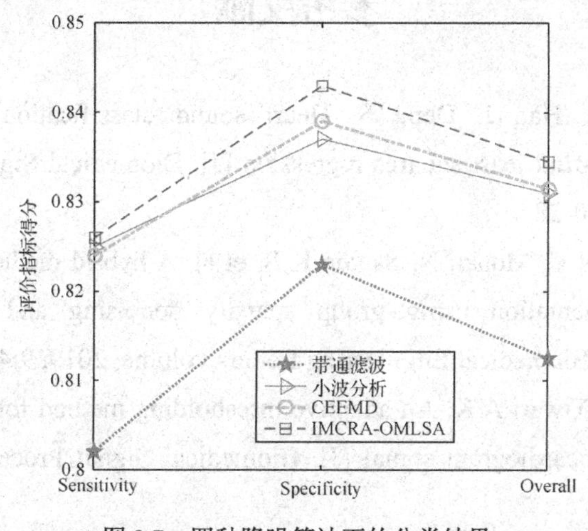

图 9.7 四种降噪算法下的分类结果

因此，通过降噪算法对分类的贡献性的定量分析，即对分类结果的定量评价，可以得出结论：IMCRA-OMLSA 降噪算法相较于带通滤波降噪、CEEMD 降噪、小波分析降噪等方法效果更好，能更有效地提高心音的可分析性，促进心音分类系统获得更好的性能。

9.6 本章小结

心音降噪可以提高心音信号的可分析性，在辅助诊断系统中起着重要的作用。面对经验模式分解和小波分析降噪的局限性，本章提出了一种基于 IMCRA-OMLSA 的心音降噪算法，算法能够在短时间内有效追踪噪声，能够动态估计长时采集的心音中的噪声，并通过增益函数和条件概率来逼近真实的纯净心音信号。实验结果也进一步验证了基于 IMCRA-OMLSA 的心音降噪算法能够有效抑制采集环境下的噪声，尤其是靠近基础心音的噪声，保护了反映生理特征的心杂音等成分，较 CEEMD 和小波分析的降噪算法效果更优，且能够有效提升分类系统的准确性。

IMCRA-OMLSA 算法中也存在两个问题需进一步解决：①在 IMCRA 算法的第一次迭代中，当活动性检测效果不理想时，可能导致平滑处理结果偏大，因此可进一步增加约束条件来提升算法健壮性；②当心音信号不存在时，纯净心音的估计结果不为 0，而是最小增益与幅值的乘积，因此还可进一步考虑在 OMLSA 算法中增加心音不存在时的约束条件，使估计误差较小且频谱特征更为清晰。

参考文献

[1] Zhang W, Han J, Deng S. Heart sound classification based on scaled spectrogram and partial least squares regression [J]. Biomedical Signal Processing and Control, 2017, 32:20-28

[2] Sujadevi V G, Mohan N, Sachin K S, et al. A hybrid method for fundamental heart sound segmentation using group sparsity denoising and variational mode decomposition [J]. Biomedical Engineering Letters volume, 2019, 9:413-424.

[3] Jain P K, Tiwari A K. An adaptive thresholding method for the wavelet based denoising of phonocardiogram signal [J]. Biomedical Signal Processing and Control, 2017, 38:388-399.

[4] Wilson R F, Azimpour F. Electronic stethoscope for coronary stenosis detection reply[J]. American Journal of Medicine, 2017, 130(5):227-228.

[5] 董利超，郭兴明，郑伊能. 基于 CEEMD 的心音信号小波包去噪算法研究[J]. 振动与冲击，2019, 38(09):192-198+222.

[6] Cheng X, Zhang Z. Denoising method of heart sound signals based on self construct heart sound wavelet [J]. AIP Advances, 2014, 4(8):87-108.

[7] Boutana D, Benidir M, Barkat B. On the selection of intrinsic mode function in EMD method: application on heart sound signal [C]//3rd International Symposium on Applied Sciences in Biomedical & Communication Technologies, 2010:1-5.

[8] 成谢锋，佘辰俊，李吉. 基于混沌特性的心音反控制方法研究[J]. 振动与冲击，2018, 37(17):178-184.

[9] 许春冬，周静，应冬文，等. 基于 DHMM 的低心率变异性心音的分割方法[J]. 数据采集与处理, 2019, 34(04):605-614.

[10] 汤清信. 基于小波域局部特征的图像去噪与融合[D]. 西安：西安电子科技大学，2013.

[11] 王娜. 基于小波变换与约束方差噪声谱估计的语音增强算法研究[D]. 秦皇岛：燕山大学，2011

[12] Brunetti N D, Rosania S D, Antuono C, et al. Diagnostic accuracy of heart murmur in newborns with suspected congenital heart disease [J]. Journal of Cardiovascular Medicine, 2015, 16(8):556-561.

[13] Premkumar P. Utility of Echocardiogram in the Evaluation of Heart Murmurs [J]. Medical Clinics of North America, 2016, 100(5):991-1001.

[14] Whitaker B M, Suresha P B, Liu C, et al. Combining sparse coding and time-domain features for heart sound classification [J]. Physiological Measurement, 2017, 38(8):1701-1729.

[15] Chen L G, Wu S F, Xu Y, et al. Blind Separation of Heart Sounds [J]. Journal of the Acoustical Society of America, 2017, 137(4):2388-2388.

[16] 许春冬，周静，龙清华，等. 基于 coif.5 小波的心音自适应阈值降噪方法[J]. 科学技术与工程，2019, 19(02):106-113.

[17] Yuan W, Lin J, Wei A N, et al. Noise estimation based on time-frequency correlation for speech enhancement [J]. Applied Acoustics, 2013, 74(5):770-781.

[18] Hirszhorn A, Dov D, Talmon R, et al. Transient interference suppression in speech signals based on the OM-LSA algorithm [C]// International Workshop on Acoustic

Signal Enhancement, 2012:1-4.

[19] 袁文浩，林家骏，王雨，等. 一种基于噪声分类的语音增强方法[J]. 华东理工大学学报（自然科学版），2014, 40(02):196-201.

[20] 曹克宇. 语音系统中瞬态噪声抑制算法的研究[D]. 哈尔滨：哈尔滨工业大学，2017.

[21] 陈成斌. 针对于家居环境的语音增强系统的研究与开发[D]. 广州：华南理工大学，2015.

[22] 刘凤增. 复杂环境下语音增强方法研究[D]. 长沙：国防科学技术大学，2011.

[23] 刘凤增，李国辉，李博. OM-LSA 和小波阈值去噪结合的语音增强[J]. 计算机科学与探索，2011, 5(06):547-552.

[24] Cohen I, Berdugo B. Speech enhancement for non-stationary noise environtrnent [J]. Signal Processing, 2001, 81(11):2403-2418.

[25] Cohen I, Berdugo B. Speech enhancement by tracking speech presence probability in subbands [C]// Proc. of IEEE Workshop on Hands Free Speech Communication, Kyoto, Japan, 2001: 95-98.

[26] Dung T T, Cuong Q N, Khoa D N. Speech enhancement using modified IMCRA and OMLSA methods [C]// International Conference on Communications & Electronics. IEEE, 2010: 195-200.

[27] EPHRAIM. Speech enhancement using a minimum mean square error short-time spectral amplitude estimator [J]. IEEE Transactions on Acoustics, Speech, and Signal Processing. 1984, 32(6):1109-1121.

[28] Hou X, Guo S, Cui H, et al. Speech enhancement for non stationary noise environments [C]//IEEE International Conference on Information Engineering and Computer Science, 2009: 1-3.

[29] Cohen I. Noise spectrum estimation in adverse environment: improved minima controlled recursive averaging [J]. IEEE Transactions on Speech and Audio Processing, 2003, 2:466-475.

[30] 熊晶. 语音增强中噪声估计的研究[D]. 兰州：兰州交通大学，2015.

[31] Clifford G D, Liu C, Moody B, et al. Classification of normal/abnormal heart sound recordings: the physioNet/Computing in Cardiology Chanllenge [C]// 2016 Computing in Cardiology Conference, 2016: 609-612.

[32] Liu C, Springer D, Li Q, et al. An open access database for the evaluation of

heart sound algorithms [J]. Physiological Measurement, 2016, 37(12):2181-2213.

[33] Hong T, Chen H, Li T, et al. Classification of normal/abnormal heart sound recordings based on multi-domain features and back propagation neural network [C]//2016 Computing in Cardiology Conference, 2016: 593-596.

[34] Springer D B, Tarassenko L, Clifford G D. Logistic regression HSMM-based heart sound segmentation [J]. IEEE transactions on biomedical engineering, 2015, 63(4): 822-832.

[35] Bouril A, Aleinikava D, Guillem M S, et al. Automated classification of normal and abnormal heart sounds using support vector machines [C]//2016 Computing in Cardiology Conference, 2016: 549-552.

第 10 章　结合 SVM 和香农能量的 HSMM 心音分割方法

10.1　引言

伴随时代的进步，人们的生活水平逐年提升，与此同时不健康饮食及不良生活作息也引发了各种疾病的发生。近年来，我国心脑血管疾病的患病率与死亡率更是居高不下。心音是人体最重要的生理信号之一，一定程度上表征心脏及其周边血管的生理状态，有效的心音信息可及时准确地反映心脏瓣膜的活动情况，血液流动情况等生理指标；此外，年龄和性别差异对心音的健康情况也有影响。总之，分析心音有效特征能够尽早发现和防治心脏的相关疾病，对临床医生的诊断也会起到一定的辅助作用。基础心音指的是第一心音 S_1、第二心音 S_2，S_1、S_2 来源于收缩期和舒张期早期的心脏机械振动，对基础心音的精确分割是心音自动分析的关键步骤。

在过去的几十年中，在心音分割领域形成了许多心音分割的方法。有参考心电信号或颈动脉信号结合时频特性的算法，实现信号的分割；有基于信号能量特征的分割算法，还有基于心音的周期性状态时序特征的方法。不论采取什么算法，特征提取是分割的重要基础之一，广大学者在心音特征包络提取领域进行了大量研究，提出一系列包络特征提取的方法，如基于归一化香农能量的包络提取方法、基于希尔伯特-黄变换的包络提取方法，以及数学形态的包络提取方法等。Gupta 等人通过提取心音包络的方法，检测包络特征，去除冗余的峰值，计算出峰值的起点与终点、峰值宽度及收缩期和舒张期的长度。该研究把两个时间段看作两个类别，用聚类算法归类，任意两个连续的类别构成一个心动周期，该方法对低噪声或纯净心音效果良好。但该方法在检测包络峰值时，规定了许多硬阈值，不利于方法的推广，普适性较弱，该方法也无法进行实时计算。Tseng Y.L.等用希尔伯特-黄变换提取心音包络，该方法可突出 S_1、S_2 的幅度，但该方法提取的包络具有毛刺，会影响后期心音的处理。Varghees V.N.等人用香农能量方法提取信号特征包络，该方法能够突出中等强度的信号，对心杂音有一定的抑制作用，然而所采取的方法过于单一，算法效率不高。韦哲等人提出基于小波变换心音信号多尺度特征波形，并用相关算法实现信号的分割，可当出现无统计特征的病理特征时，算法效果不佳。

基于上述研究现状，Springer 等人改进离散隐半马尔科夫模型（DHMM），提出基于逻辑回归的隐半马尔科夫算法（LR-HSMM），该算法是目前国际上最为流行的分割算法之一。算法采取逻辑回归的方法计算样本输出概率，运用拓展的 Viterbi 译码算法改进 DHMM，不论心音的起始点与状态的起始点是否一致，均不会受影响，更具有自适应性，时段约束使测试心音分割出的各状态时长符合正常的生理规律。不过，该研究中应用希尔伯特变换提取包络特征，所提取的包络不光滑，毛刺较多，会影响分割的精确度，对于一些异常心音识别，LR 模型效果更是不佳。

针对以上问题，尤其是希尔伯特变换提取包络存在毛刺较多的不足，提出一种结合 SVM 和香农能量的 HSMM 心音分割算法。该算法不需要设置硬阈值，解决了毛刺问题，更有效抑制了噪声，提取的包络更加平滑，提高了分割精度与速度。

10.2　分割的原理与方法

10.2.1　预处理

原始心音信号是带噪的信号，此时需要对其进行预处理。对于降噪处理部分，国内外专家与学者在此领域开展了大量研究并取得一定的进展。其中，小波降噪是最为理想的预处理方法之一。应用离散小波变换（Discrete Wavelet Transform, DWT），选择抑制噪声系数分量，突出信号系数分量，达到降噪的效果。在 DWT 处理过程中，三个方面参数的选择至关重要：分解层次、阈值函数及阈值的确定。对于小波基函数，该算法采用 coif5 小波作为小波基函数，对信号进行 5 层分解。阈值函数选择双阈值函数。为了提高抗噪性能，选取基于统计特性的自适应阈值系数处理方法。信号依据升序规则进行排列，系数绝对值的 75%附近的位置最能反映噪声的情况，因此 cora（75% of coefficient rate）取 75%，即 cora_{75}。为了反映噪声情况与 cora_{75} 间的关系，引入系数均值 $M = \text{Mean}(|d_j|)$ 与噪声系数方差 $a_{\text{noise}} = \text{Var}(|d_{j,\text{noise}}|)$，$d_j$ 表示第 j 层细节系数，$d_{j,\text{noise}}$ 表示第 j 层噪声细节系数。阈值估计为

$$T_{\text{阈值}} = \begin{cases} \text{cora}_{75} \cdot [1-(a_{\text{noise}} - \text{cora}_{75})] & ,\text{cora}_{75} < a_{\text{noise}} \\ \text{cora}_{75} & ,\text{cora}_{75} < M \text{ 且 } \text{cora}_{75} \geqslant a_{\text{noise}} \\ \text{cora}_{75} + (\text{cora}_{75} - M) & ,\text{cora}_{75} \geqslant M \text{ 且 } \text{cora}_{75} \geqslant a_{\text{noise}} \end{cases} \tag{10.1}$$

对于系数阈值函数采用双阈值，将阈值分为以下两个：

$$\begin{cases} T_1 = \alpha T_{\text{阈值}} \\ T_2 = \beta T_{\text{阈值}} \end{cases} \tag{10.2}$$

式中，$T_1 < T_2$，根据非噪声较大原则，保留大的系数，去除小的系数，并用以下非线性函数处理中间系数：

$$\gamma_j(k)\begin{cases} d_i(k), |d_i(k)| > T_2 \\ \text{sgn}[d_i(k)]\dfrac{[d_i(k)]^m}{2T_2^{m-1}},\ T_1 < |d_i(k)| < T_2 \\ 0, |d_i(k)| < T_1 \end{cases} \tag{10.3}$$

式中，m 为缩放系数，$d_i(k)$ 为第 i 层细节系数，根据研究结果表明，式（10.2）中的 α、β 分别取 1、2 可达最佳效果。预处理前后信号对比如图 10.1 所示。

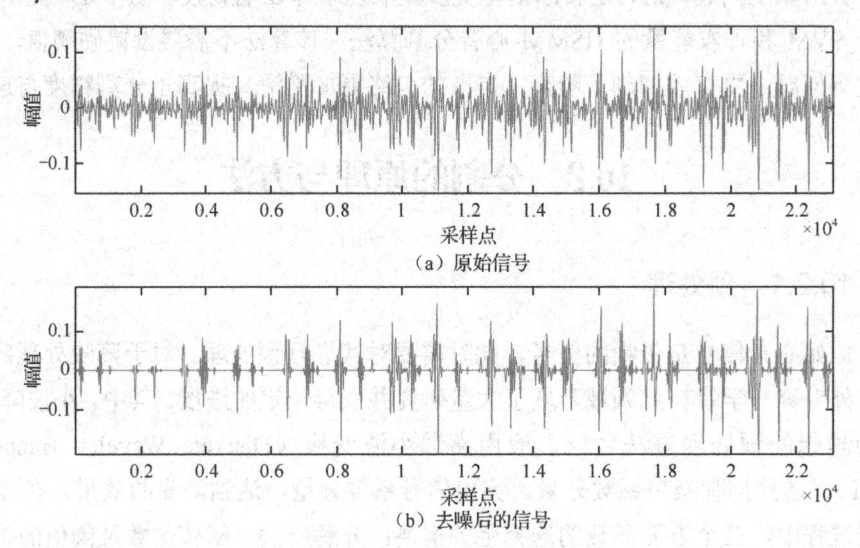

图 10.1 预处理前后的信号对比

10.2.2 LR-HSMM

HMM 是用于描述序列数据的统计模型，通过对离散的“隐藏状态”的可能性进行推断，观察转移概率得到每个观察结果。隐马尔科夫模型为一阶模型，隐藏序列由心脏的四个状态（S_1、收缩期、S_2、舒张期）组成，观察序列是通过计算心音信号中的特征得到的。HMM 的参数集为：

$$\lambda = (A, B, \pi) \tag{10.4}$$

式中，A 是转移概率，B 是输出概率，π 是初始状态分布。隐藏状态定义为 S_1、S_2，N 为状态总数。其中，N 取 4，ξ_1、ξ_2、ξ_3、ξ_4 分别代表 S_1、收缩期、S_2、舒张期；

定义整个序列为 Q，持续周期为 T，t 时刻的状态为 q_t。序列的观察序列为 $O=\{O_1,\cdots,O_T\}$，$A=\{a_{ij}\}$ 为 t 时刻，i 态到 j 态的转移概率。心音四个状态只能从一个特定的状态转移到另一个特定状态。$B=\{b_j(O_t)\},1\leqslant j\leqslant n$，定义了状态 j 在时刻 t 生成观测序列 O_t 的概率。HMM 是用于心音分割中计算最优状态的序列（给定模型和观察序列的情况下），采用 Viterbi 算法的动态编程方法来求解最有可能的状态序列，该状态序列代表了最初的观测值的分布情况。将最可能发生的状态可能性定义为 $\delta_t(j)$，$\delta_t(j)$ 可以通过下式计算得到：

$$\delta_t(j)=[\max\delta_{t-1}(i)a_{ij}]\cdot bj(O_t) \tag{10.5}$$

该矩阵表示 t 时刻最可能的状态 i 和 t+1 时刻最可能的状态 j。这能在到达序列的末尾时回溯到最有可能的状态序列 q_t^*，具体表达式如下：

$$q_T^*=\arg\max_{1\leqslant i\leqslant N}[\delta_T(i)] \tag{10.6}$$

$$q_t^*=\psi_{t+1}(q_{t+1}^*)\quad t=T-1,T-2,\cdots,1 \tag{10.7}$$

HMM 的一个主要限制是不能直接客观地体现出关于每个状态的预期持续时间段内的任何信息，若不考虑这个因素，状态持续时间则只由自转移概率决定。实际上该因素导致每个状态的预期持续时间呈几何分布并且该分布是单调递减的，这不适用于临床上心音分析。为达到持续时间的建模，模型中需要一个额外的参数 p。该算法定义新的模型如下：$\lambda=(A,B,\pi,p)$，$p=\{p_i(d)\}$ 表示 i 状态下持续时间为 d 的概率，修改 Viterbi 算法，使其包含持续时间的密度，具体表示如下：

$$\delta_t(j)=\max_d\left[\max_{i\neq j}[\delta_{t-d}(i)\cdot a_{ij}]\cdot p_j(d)\prod_{s=0}^{d-1}b_j(O_{t-s})\right] \tag{10.8}$$

观测密度 $\prod_{s=0}^{d-1}b_j(O_{t-s})$ 是计算 j 状态下从 $(t-d)$ 时刻到 t 时刻所有观测值的概率，式（10.8）根据矩阵 $\psi_t(j)$ 和 $D_t(j)$ 分别在两个参数 i 和 d 时取得最大值，在持续一段时间内的不同状态之间转换，这便是 HSMM，添加了状态驻留因素，即时间组成成分，使所预测的状态扩展到一段时间。心脏周期各组成部分的持续时间对心脏而言有一定的限制，即心脏某个状态只能在某个时刻维持短暂的时间，使用 HSMM 期望这些新添加的信息有助于提高分割性能。

LR 是一个二进制分类模型，它使用逻辑函数将预测变量或特征转化为二进制响应变量。逻辑函数 $\sigma(a)$ 定义为

$$\sigma(a)=\frac{1}{1+\exp(-a)} \tag{10.9}$$

使用上述逻辑函数通过相关计算，得出输入特征或观察结果的特定状态的概率：

$$P[q_t=\xi_j|\,O_t]=\sigma(w'O_t) \tag{10.10}$$

式中，w'是模型的权重，应用于每个输入状态。通过贝叶斯定律找到给定 HSMM 所要求的状态观察概率$b_j(O_t|\xi_j)$，贝叶斯公式定义为

$$b_j(O_t)=P(O_t|\ q_t=\xi_j)=\frac{P(q_t=\xi_t|\ O_t)\times P(O_t)}{P(\xi_t)} \tag{10.11}$$

根据最小二乘法加权迭代进行训练，使用一对多的方法训练一个 LR 模型以获取模型中每个状态的观测值。接着借助整个训练集的特征计算出多元高斯分布，从中得到$P(O_t)$，$P(\xi_t)$ 则是从初始状态概率分布π中得到的。将 LR 模型纳入 HSMM 模型，有助于对基础心音的识别，后续针对异常心音，将采用 SVM 辅助识别。LR 模型推导的发射概率或观测概率估计，被用来代替相关工作中使用的高斯或伽马分布，结合 LR 模型与 SVM 模型的 HSMM 可以更好地识别心音状态。

10.2.3 归一化香农能量

原始信号先采用切比雪夫型滤波器采样得到，然后将信号归一化成信号的最大值。其依据的公式如下：

$$x_{\text{norm}}(k)=\frac{x_{2000}(k)}{\max(|x_{2000}(i)|)} \tag{10.12}$$

式中，$x_{2000}(k)$是抽样得到的信号；图 10.2 所示是通过不同计算方法得到的归一化信号包络，此处x是归一化信号，其值从 0 到 1。其中香农能量、香农熵、能量绝对值及能量平方值的公式分别如下：

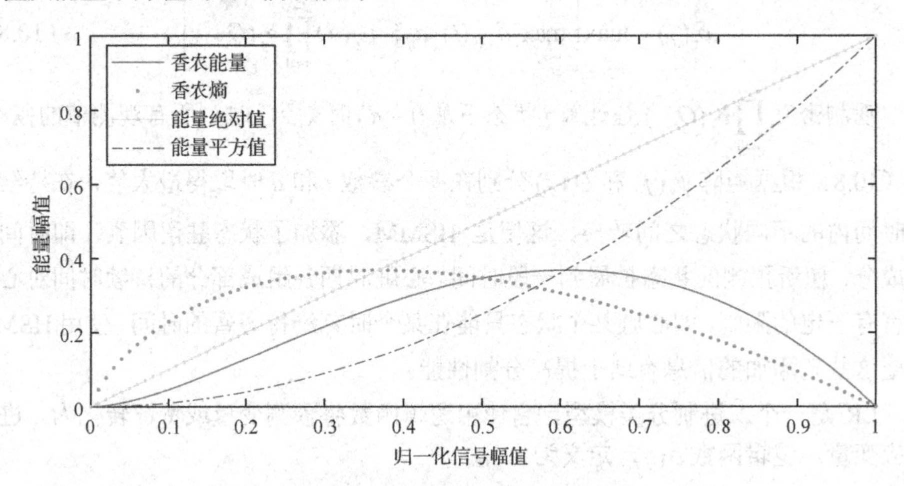

图 10.2　不同计算方法提取包络的对比

香农能量：
$$E_{\text{norm}}=-x^2\cdot\lg x^2 \tag{10.13}$$

香农熵：
$$E=-|x|\cdot\lg|x| \tag{10.14}$$

能量绝对值：　$$E = |x| \tag{10.15}$$

能量平方值：　$$E = x^2 \tag{10.16}$$

从图 10.2 可看出，通过增大高、低强度比，能量平方值会将低强度声音淹没在高强度声音之下。香农熵则扩大了低值信噪比的权重，使包络的噪声太大而无法读取。能量绝对值赋予所有信号相同的权重。香农能量突出中等强度的信号，削减微弱信号的成分。香农能量法优于能量绝对值法，更有利于准确找到低强度信号。因此香农能量包络在目前心电信号的包络提取方法中得到广泛应用。平均香农能量计算通过下式得到：

$$E_s = -\frac{1}{N} \cdot \sum_{i=1}^{N} x_{\text{norm}}^2 (i) \cdot \lg x_{\text{norm}}^2 \tag{10.17}$$

E_s 是抽样和归一化后的信号，N 为信号长度，对平均香农能量求均值和方差即可得到香农包络，其表达式如下：

$$P(t) = \frac{E_s(t) - M(E_s(t))}{S(E_s(t))} \tag{10.18}$$

式中，$M(E_s(t))$ 为均值，$S(E_s(t))$ 为方差。

原始心音和通过香农能量提取后的包络如图 10.3 所示。

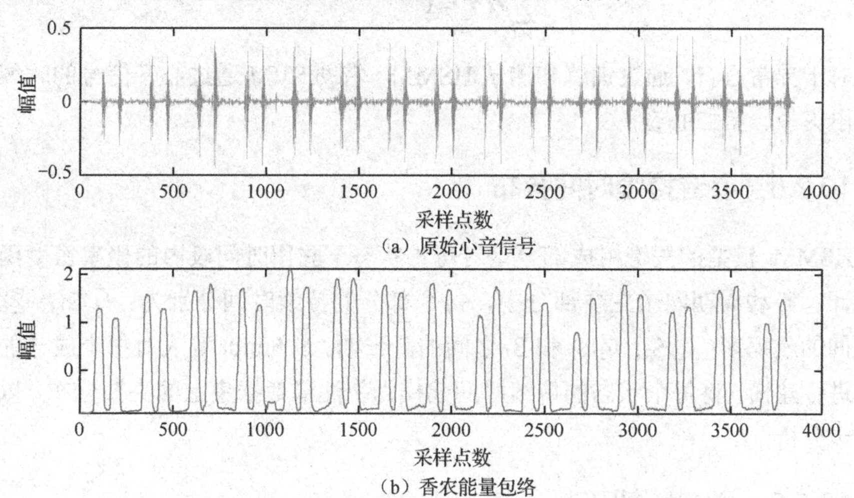

图 10.3　原始信号与香农能量包络

10.2.4　支持向量机（SVM）

支持向量机（Support Vector Machine，SVM）主要用于解决数据分类问题，原理是借助选好的核函数把输入特征映射到高维空间，找到空间中可以把所有数据样本划分开的超平面，使所有数据到该超平面的距离最短，达到分类的目的。常用的核函数有径向基函数、Sigmoid 函数等。本章提出的 HSMM 心音分割算法选用的是 Sigmoid 核函数，核函数的选取如下：

$$K(x,x_i)=\tanh\{\mathrm{v}(xx_i)+a\} \tag{10.19}$$

只有式中的 v 与 a 取恰当的值，才会满足 Mercer 条件。一般 v 取 2，a 取 1，得到分类判别式如下：

$$f(x)=\mathrm{sgn}\left\{\sum_{i=1}^{s}\alpha_i\tanh[v(xx_i)+a]+b\right\} \tag{10.20}$$

对于超平面可用下列式子表示：

$$\boldsymbol{w}^{\mathrm{T}}\boldsymbol{x}+\boldsymbol{b}=0 \tag{10.21}$$

有了超平面，就能计算样本点到平面的距离了。研究设定训练样本函数为

$$\boldsymbol{y}=\boldsymbol{w}\boldsymbol{k}(\boldsymbol{x})+\boldsymbol{b} \tag{10.22}$$

接着把问题转化为如下的优化问题：

$$\max L(\alpha)=\sum_{i=1}^{n}\alpha_i-\frac{1}{2}\sum_{i,j=1}^{n}\alpha_i\alpha_j\gamma_i\gamma_j\left\langle\phi(x_i),\phi(x_j)\right\rangle$$

$$\text{s.t.}\begin{cases}0\leqslant\alpha_i\leqslant C\\ \sum_{i=1}^{n}\alpha_i\gamma_i=0\end{cases};\ i=1,2,\cdots,n \tag{10.23}$$

对于异常心音，通过训练和测试 HSMM，借助 SVM 通过心音信号的时域特征识别出第一、第二心音。

10.2.5 心音持续时间分布

HSMM 模型的关键组成部分是对每种状态下驻留时间段内的概率密度函数进行估计。心动周期四个主要部分中，每个部分的持续时间分别为：①S_1；②S_1 和 S_2 之间的收缩期；③S_2；④S_2 和 S_1 之间的舒张期。Schmidt 等人对每个成分的持续时间进行建模，将每个状态的持续时间建模为带注释数据集上的高斯分布，以助于下一步分析。

10.2.6 Viterbi 解码

Schmidt 等人认为对最可能的状态序列的解码，是整个训练过程以及测试过程中最重要的一步。文献[15]和文献[16]受到以下限制：要求状态必须在 PCG 信号的开始和结束处起止。这是心音分割中的极大的限制，因为 PCG 记录的周期可以在心脏的任何阶段开始和结束。为了解决这个问题，提出了一种扩展的维特比算法。该算法不用考虑 PCG 的起点和终点，仅考虑心音的观察输出概率。该算法将方程

用于前后向算法和 Viterbi 算法的“一般假设”，遍历出最优的状态。

10.3　分割算法流程

本章所提出的结合 SVM 和香农能量的 HSMM 心音分割算法主要是用 HSMM 对心音信号进行训练，训练过程中结合香农能量与希尔伯特变换提取心音特征包络，使所提取的包络更光滑，SVM 弥补了 LR 模型的不足，对一些异常心音也具有良好的识别能力，心音分割算法流程图如图 10.4 所示。

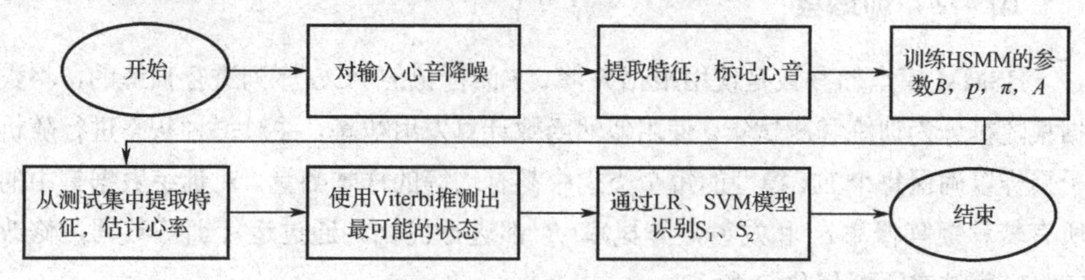

图 10.4　心音分割算法结构

图 10.4 为用 HSMM 分割心音所得的算法流程图，具体的说明步骤如下：

① 用 coif5 小波对心音信号降噪；

② 将心音信号分为训练集与测试集；

③ 训练 HSMM：在训练集中根据希尔伯特变换提取相关特征，以 ECG（心电信号）为参考信号计算出 R 波和 T 峰，借助 R 波和 T 峰对心音进行标记；

④ 训练 HSMM 的参数矩阵（B 表示观测序列；p 表示每个心音状态的时间概率密度函数；A 表示除了连续状态之间可能的转换概率置 1 外，其他的传输概率置 0；π 置为 0.25），形成分割用的 HSMM 训练参数集；

⑤ 运行训练的 HSMM 模型：估计整体心率，从测试集记录中提取相关特征，作为观察值输入，使用 Viterbi 译码算法推测出最优的状态序列；

⑥ 通过 LR 和 SVM 模型，借助心音时域特征识别出心音的 S_1、S_2。

10.4　训练与评价指标

10.4.1　数据集

实验数据来源于“PhysioNet Computing in Cardiology Challenge 2016”，包含来自麻省总医院 123 例身份不明的成年患者的 30～40s 的 PCG 记录。123 例患者中，

38 例为正常对照组，37 例是与二尖瓣脱垂相关的杂音，36 例为良性杂音，5 例为主动脉疾病，7 例为其他杂音（三尖瓣反流、心内膜炎、不对称隔膜肥大）。录音使用 Meditron（美国纽约州）电子听诊器进行记录，并在 44.1kHz 的未压缩波形格式下以 16 位分辨率保存。实验内容均基于 Windows 10 系统 MATLAB R2018a 平台对心音样本进行测试。实验中所用脉冲噪声采样率为 1kHz，Babble 噪声及白噪声采样率为 1.6kHz，对 3 类噪声进行变采样（上采样或者降采样）处理到 2kHz，帧长为 20ms，帧移为 10ms，窗函数采用汉明窗。

10.4.2 训练集

HSMM 模型的参数是使用根据 R 峰、T 波标记的 PCG 序列进行训练的，将数据集随机分为训练和测试集。使用似然函数计算发射概率，并对每种状态进行随机子采样以确保每个 LR 模型的每个类别中都有均等的样本数量。对训练数据集中的所有转移矩阵概率 a_{ij} 和发射矩阵概率 B 都进行优化。通过运行训练数据，修改 Viterbi 算法来不断优化 B 和 p。

为了将该算法与 LR-HSMM 等方法进行比较。我们在数据集中进行了测试，以便直接比较结果。测试的四种方法如下：

（1）基于 LR-HSMM 的方法，使用 Hilbert、PSD（功率谱密度函数）、小波、同态特征；

（2）基于 LR-HSMM 的方法，使用 Hilbert、PSD、小波、同态特征、SVM；

（3）基于 LR-HSMM 的方法，使用 Hilbert、PSD、小波、同态特征、香农能量和 SVM；

（4）基于 LR-HSMM 的方法，使用 Hilbert、PSD、小波、同态包络、香农能量包络。

10.4.3 模型评估

为评估四种分割方法在测试集中准确定位 S_1 和 S_2 的能力，将数据分为训练集和测试集。通过 HSMM 训练，将测试集的评估过程重复 20 次，对结果取平均值，计算公式如下所示：

$$\begin{cases} \mathrm{TP} = \dfrac{\mathrm{TN}}{\mathrm{TN}+\mathrm{FN}+\mathrm{WN}} \\ \mathrm{FP} = \dfrac{\mathrm{FN}}{\mathrm{TN}+\mathrm{FN}+\mathrm{WN}} \\ \mathrm{WP} = \dfrac{\mathrm{WN}}{\mathrm{TN}+\mathrm{FN}+\mathrm{WN}} \end{cases} \tag{10.24}$$

式中，TP 为基础心音检出正确率、FP 为基础心音错误检入率、WP 为基础心音未检出率。TN 为基础心音正确检出帧数、FN 为基础心音错误检入帧数、WN 为基础心音未检出帧数。计算的时候，以手工标注的数据作为参考标准。

10.5　实验设置与分析

10.5.1　实验结果

首先对基础心音进行标记，然后用 HSMM 对未知心音进行训练，接着对测试集心音进行分割，图 10.5（a）、（c）为分类后的心音包络，其中有静止期和基础心音区间。由于临床上心舒期通常大于心缩期，则把静止期中较长时段的心音称作心舒期，反之则称作心缩期。基础心音中的 AB 段称作第一心音，CD 段则为第二心音。图 10.5（b）、（d）为正常和异常心音各自的一个心动周期分割后所得结果，S_1、S_2、收缩期和舒张期如图所示。

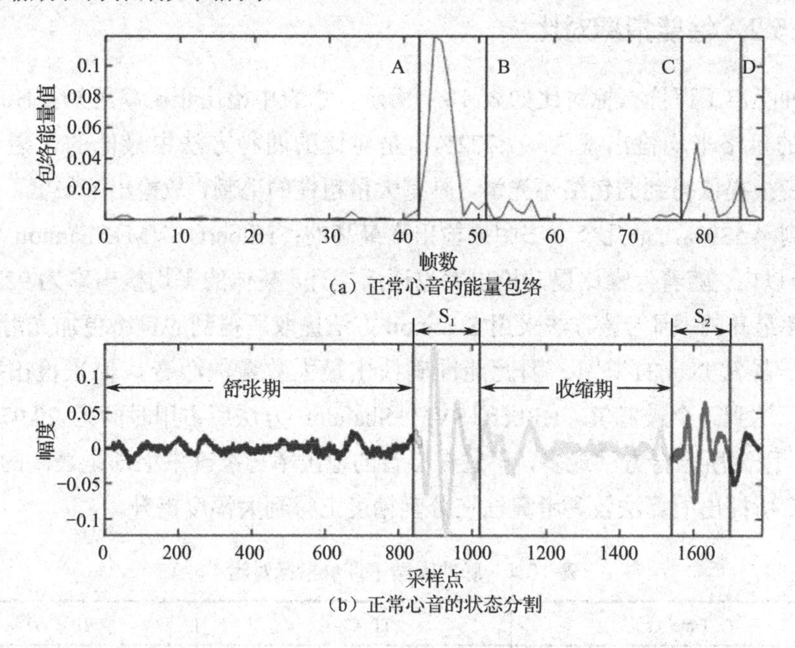

（a）正常心音的能量包络

（b）正常心音的状态分割

图 10.5　心音分割结果

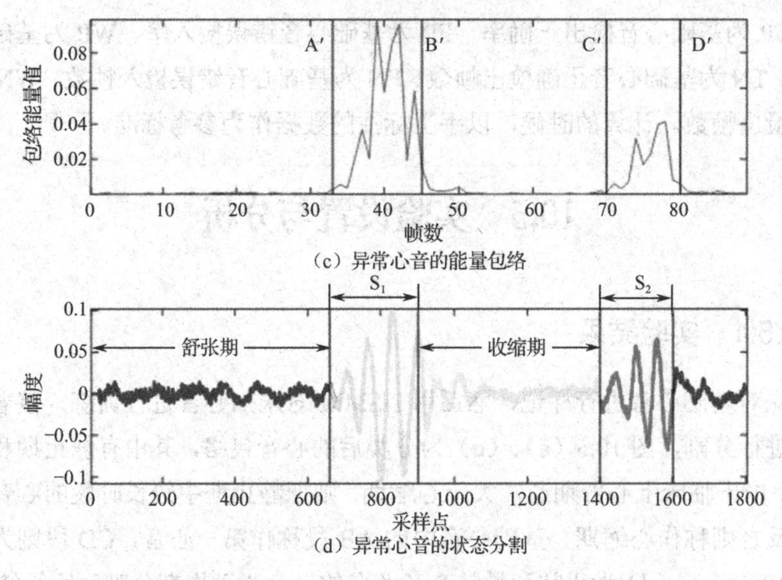

（c）异常心音的能量包络

（d）异常心音的状态分割

图 10.5　心音分割结果（续）

10.5.2　性能指标对比

脉冲噪声下评价指标对比如表 10.1 所示，由表中检出正确率可知，Hilbert 变换提取的包络平均检出率为 91.772%，是对比的四种方法中最低的。因为单纯 Hilbert 变换提取得到的包络不光滑，具有大量粗糙的毛刺，故检出率最低，未检出率则达到 4.539%，是几个方法中未检出率最高的；Hilbert+SVM+Shannon 在信噪比 10dB 以内，随着信噪比提升检出率也逐渐提升，整体的平均检出率为 92.688%，是检出率最高的；因为该方法采用 Shannon 方法提取所得到的包络更加光滑，SVM 也有助于异常心音的识别，因此能准确检出最大数量的心音，使未检出率仅为 3.690%，达到一个最低值。Hilbert+SVM+Shannon 方法所占用时间为 28.975s，是最长的，因为所融合方法最多，不过在心音的检出率与准确率上却是最高的。由此可见本章所提出的算法较参考算法在分割精度上得到大幅度提升。

表 10.1　脉冲噪声下评价指标对比

SNR（dB）	Time（s）				TP（%）				WP（%）			
	Hil	Hil-Svm	Hil-Shan	Hil-Shan-Svm	Hil	Hil-Svm	Hil-Shan	Hil-Shan-Svm	Hil	Hil-Svm	Hil-Shan	Hil-Shan-Svm
15	22.575	25.663	25.525	28.952	91.967	92.315	92.511	92.728	3.816	3.532	3.923	3.764
10	21.489	25.384	24.812	28.101	92.285	92.512	92.693	92.982	4.233	3.813	3.774	3.656

续表

SNR（dB）	Time（s）				TP（%）				WP（%）			
	Hil	Hil-Svm	Hil-Shan	Hil-Shan-Svm	Hil	Hil-Svm	Hil-Shan	Hil-Shan-Svm	Hil	Hil-Svm	Hil-Shan	Hil-Shan-Svm
5	22.460	25.807	25.549	28.324	91.683	91.897	92.252	92.615	4.725	4.264	3.632	3.502
0	24.051	28.532	26.896	30.521	91.152	91.241	91.865	92.427	5.381	4.817	4.216	3.837

（注：Hil:Hilbert；Hil-Svm：Hilbert&SVM；Hil-Shan-Svm：Hilbert Shannon's energy&SVM）

实验中，为了测试算法对噪声的容忍度，采用了 Babble 噪声、脉冲噪声以及白噪声模拟临床噪声，图 10.6 为各种噪声环境下各种算法的心音检出率。从图 10.6 可知，在 10dB 以内的信噪比情况下，采用的各种算法心音检出率随着信噪比的增大均呈上升趋势，因为在一定范围内，信噪比越大，越有利于噪声抑制，有助于算法更好地识别心音。实验结果表明，若是单独地使用 Hilbert（Hil）、Hilbert & SVM（Hil-Svm）、Hilbert & Shannon（Hil-Shan）之中的某种特征或部分特征的组合，都无法取得最佳的分割效果；Hilbert+Shannon+SVM（Hil-Shan-Svm）的检出率在各信噪比下不仅最高而且相对最稳定，这是由于该算法提取的特征包络光滑，加入 SVM 提高了心音的识别能力，增强抗噪效果，在几种算法中取得最佳分割效果。

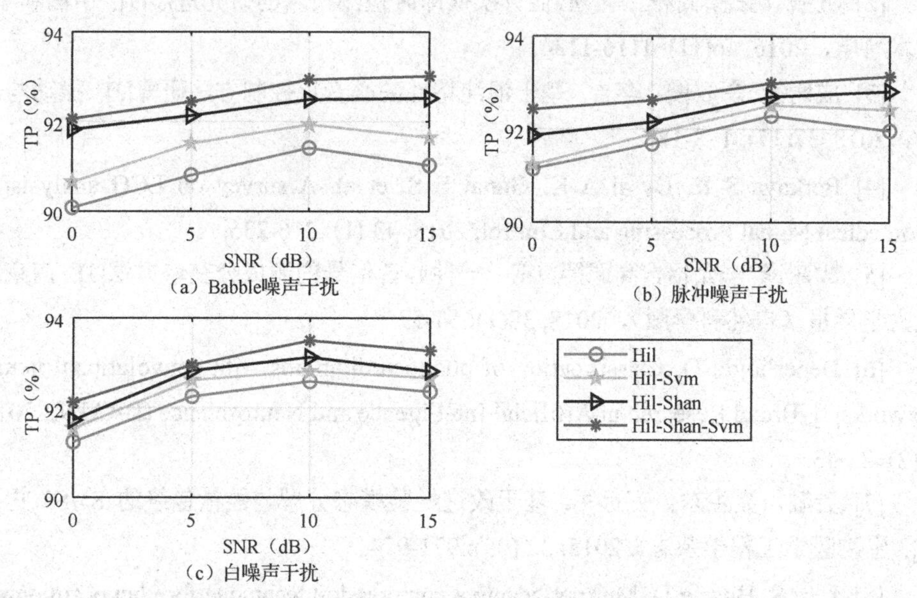

图 10.6　三种噪声在不同信噪比时的检出正确率

10.6 本章小结

结合 SVM 和香农能量的 HSMM 心音分割算法充分利用了香农能量与希尔伯特变换提取的特征包络平滑的优点，提高了分割精确度；本章提出的算法用 HSMM 对心音进行训练，提高预测准确度；对于一些 LR 模型未能识别的心音，借助于 SVM 良好的分类能力，实现了该部分心音的识别。通过对心音信号的检测与进一步分析，有望获得病人的心血管健康情况，更好地辅助医生对病人进行早期的干预。该算法也可应用于个人身份识别，主要原理同样是通过较为精准地识别 S_1 和 S_2 来获取个人独特的生物学特征。下一步研究将致力于提高算法的普适性，将心率变异性等因素考虑在内，争取获得更高的心音检出准确率。

参考文献

[1] 成谢锋，严誌，马勇，等. 运动与年龄对心音混沌特性影响规律的研究[J]. 振动与冲击，2017, 36(1): 175-180.

[2] 巩燕 胡杰，高彬，等. 心血管疾病即时检测技术的研究进展[J]. 中国科学：技术科学，2016, 46(11): 1116-1134.

[3] 成谢锋 佘辰俊，李吉. 基于混沌特性的心音反控制方法研究[J]. 振动与冲击，2018, 37(17): 178-184.

[4] Berkaya S K, Uysal A K, Gunal E S, et al. A survey on ECG analysis[J]. Biomedical Signal Processing and Control, 2018, 43 (1): 216-235.

[5] 成谢锋 李允怡，高珮熙，等. 一种心音信号的源成分获取方法[J]. 南京邮电大学学报（自然科学版），2018, 38(1): 54-59.

[6] Deperlioglu O. Classification of phonocardiograms with convolutional neural networks[J]. Broad Research in Artificial Intelligence and Neuroscience (BRAIN), 2018, 9 (2): 22-33.

[7] 龚敬，聂生东，王远军. 基于改进经验模态分解与能量包络的 S1/S2 提取[J]. 生物医学工程学杂志，2015, 32 (05): 971-974.

[8] Kim S, Hwang D. Murmur adaptive compression technique for phonocardiogram signals[J]. Electronics Letters, 2016, 52 (3): 183-184.

[9] Chen H, Yuan X, Li J, et al. Automatic multi-level in-exhale segmentation and

enhanced generalized S-transform for wheezing detection[J]. Comput Methods Programs Biomed, 2019, 178 (12): 163-173.

[10] Mondal A, Banerjee P, Tang H. A novel feature extraction technique for pulmonary sound analysis based on EMD[J]. Comput Methods Programs Biomed, 2018, 159 (6): 199-209.

[11] 郭兴明 蒋鸿，郑伊能. 基于改进的维奥拉积分方法提取心音信号包络[J]. 仪器仪表学报，2016, 37 (10): 2352-2358.

[12] 李伟，江晓林，陈海波，等. 基于EEMD Hankel SVD的矿山微震信号降噪方法[J]. 煤炭学报，2018, 43 (7): 1910-1917.

[13] Jain P K, Tiwari A K. An adaptive thresholding method for the wavelet based denoising of phonocardiogram signal [J]. Biomedical Signal Processing and Control, 2017, 38: 388-399.

[14] Renna F, Oliveira J, Coimbra M T. Deep convolutional neural networks for heart sound segmentation[J]. IEEE J Biomed Health Inform, 2019, 23 (6): 2435-2445.

[15] Yu S Z. Hidden semi-Markov models[J]. Artificial Intelligence, 2010, 174 (2): 215-243.

[16] Schmidt S E, Holst-Hansen C, Graff C, et al. Segmentation of heart sound recordings by a duration dependent hidden Markov model[J]. Physiological Measurement, 2010, 31 (4): 513-529.

[17] Oliveira J, Renna F, Mantadelis T, et al. Adaptive sojourn time HSMM for heart sound segmentation[J]. IEEE Journal of Biomedical and Health Informatics, 2019, 23 (2): 642-649.

[18] Hamidi M, Ghassemian H, Imani M. Classification of heart sound signal using curve fitting and fractal dimension[J]. Biomedical Signal Processing and Control, 2018, 39 (2): 351-359.

[19] Noman F, Salleh S H, Ting C M, et al. A Markov switching model approach to heart sound segmentation and classification[J]. IEEE Journal of Biomedical and Health Informatics, 2020, 24(3): 705-716.

主要符号缩写

ANN 人工神经网络（Artificial Neural Network）

ASR 语音识别（Automatic Speech Recognition）

BIC 贝叶斯信息准则（Bayesian Information Criterion）

BN 批归一化层（Batch Normalization）

BWE 语音频带扩展技术（Band Width Extension）

CGAN 条件生成对抗网络（Conditional Generative Adversarial Networks）

CRF 条件随机场（Conditional Random Field）

CNN 卷积神经网络（Convolutional Neural Networks）

DD 决策导向（Decision Derected）

DFT 离散傅里叶变换（Discrete Fourier Transform）

DMAs 差分麦克风阵列（Differential Microphone Arrays）

DNN 深层神经网络（Deep Neural Network）

DNN 全连接神经网络（Dense Neural Network）

DPAM 可区分感知音频度量（Differentiable Perceptual Audio Metric）

DWT 离散小波变换（Discrete Wavelet Transformation）

EM 最大期望（Expectation Maximization）

EMD 经验模式分解（Empirical Mode Decomposition）

ETSI 欧洲电信标准化协会（European Telecommunications Standards Institute）

EVD 特征值分解（Eigen Value Decomposition）

FCN 全卷积神经网络（Fully Convolution Networks）

FFT 快速傅里叶变换（Fast Fourier Transform）

GAN 生成对抗网络（Generative Adversarial Networks ）

GLU 门控线性单元（Gated Linear Units）

GMM 高斯混合模型（Gaussian Mixture Model）

GRU 门控循环单元（Gated Recurrent Unit）

HMM 隐马尔可夫模型（Hidden Markov Model）

HSMM 隐半马尔科夫模型（Hidden Semi-Markov Model）

IMCRA 改进的最小统计量控制递归平均（Improved Minima Controlled Recursive Averaging）
IMF 本征模态函数（Intrinsic Mode Function）
ISTFT 离散傅里叶逆变换（Inverse Short Time Fourier Transform）
ITU 国际电信联盟（International Telecommunication Union）
KLT KL 变换（Karhunen Loeve Transform）
LPC 线性预测编码（Linear Predictive Coding）
LPS 对数功率谱（Log Power Spectrum）
LRST 基于符号似然比（Likelihood Ratio Sign Test）
LSA 对数谱幅度估计（Log-Spectral Amplitude Estimator）
LSD 对数谱失真（Log-Spectral Distortion）
LSF 线谱频率（Line Spectrum Frequency）
LSH 局部敏感哈希（Locality Sensitive Hashing）
LSP 线谱对（Line Spectrum Pair）
LSTM 长短时记忆神经网络（Long Short Term Memory Network）
LTS 长时平稳性（Long Term Stationary）
MAE 平均绝对值误差（Mean Absolute Error）
MAP 最大后验概率（Maximum a Posteriori）
MBSS 多通道谱减法（Multi-Band Spectral Subtraction）
MCRA 最小统计量控制递归平均（Minima Controlled Recursive Averaging）
MDL 最小描述长度准则（Minimum Description Length）
MFCC 梅尔频率倒谱系数（Mel Frequency Cepstrum Coefficient）
ML 极大似然（Maximum Likelihood）
MMSE 最小均方误差（Minimum Mean Square Error）
MOS 平均意见得分（Mean Opinion Score）
MS 最小统计（Minima Statistics）
MSE 均方误差（Mean Square Error）
NMF 非负矩阵分解（Nonnegative Matrix Factorization）
OMLSA 最优改进对数谱幅度估计（Optimally Modified Log-Spectral Amplitude Estimator）
PDF 概率密度函数（Probability Density Function）
PESQ 语音质量感知评估（Perceptual Evaluation of Speech Quality）
PSD 概率谱密度（Power Spectral Densities）

PSTN 数字公共交换电话网（Public Switched Telephone Network）
RMSE 均方根误差（Root Mean Square Error）
RNN 循环神经网络（Recurrent Neural Network）
SAP 语音缺失概率（Speech Absence Probability）
Se 灵敏度（Sensitivity）
Sp 特异性（Specificity）
Ov 总体得分（Overall）
SNR 信噪比（Signal to Noise Ratio）
SPP 语音存在概率（Speech Presence Probability）
SS 谱减法（Spectral Subtraction）
SSA 信号子空间（Signal Subspace Approach）
SegSNR 分段信噪比（Segmental SNR）
STFT 短时傅里叶变换（Short Time Fourier Transform）
STOI 短时客观可懂度（Short Time Objective Intelligibility）
SVD 奇异值分解（Singular Value Decomposition）
SVM 支持向量机（Support Vector Machine）
TCN 时间卷积网络（Temporal Convolutional Network）
TFNet 时频网络（Time-Frequency Network）
VAD 语音活动检测（Voice Activity Detection）
WF 维纳滤波（Wiener Filtering）
WGAN 沃瑟斯坦生成对抗网络（Wasserstein Generative Adversarial Networks）
WSS 加权谱斜率（Weighted Spectral Slope）
ZCR 过零率（Zero Crossing Rate）